美容師が知っておきたい

薬剤成分用語
まるわかりBOOK

増補版

Dictionary
of Chemical Beauty Terms

女性モード社・編

はじめに

　サロンで日常的に使用する染毛剤やパーマネントウェーブ剤。その容器に記載されている、「剤」を構成する成分の数々。これら1つひとつには、一体どのような役割があるのでしょうか——そんな疑問に答える「薬剤成分の虎の巻」が本書です。「染毛剤」「パーマネントウェーブ剤」の主な成分用語（医薬部外品のみ）と、その役割を解説した、プロの美容師のためのケミカル用語BOOKです。

　本書を通して薬剤の理解を深めることにより、お客さまへの一層の提案力、お客さまとの信頼関係づくり、そして女性の美をつかさどるプロとしての存在価値を高めます。また、お客さまの安心感の向上と、サロンカラーやパーマへの興味・関心を喚起して、ヘアカラー客・パーマ客の掘り起こしに寄与します。

本書に収録されている薬剤の成分を見ていくと、必ずしも人工的な原料ばかりではなく、自然界に存在する植物類、果物類、また生物である魚類や動物類などから抽出・精製された成分が少なくないことに気づくでしょう。これらは、人類が生み出してきた生活の知恵、生きる術（すべ）の延長上にあるものと考えることもできます。そして、私たちの生活をより便利に、豊かにしてくれる化学の力によって、染毛剤やパーマネントウェーブ剤を構成する成分として、サロンワークをサポートしてくれているのです。

　古代から脈々と受け継がれてきた先人たちの知恵が、薬剤に生きているとするならば、それはとてもロマンティックなこと。本書が、あなたのサロンワークをより充実させる一助となれば幸いです。

CONTENTS

もくじ

本書の見方・使い方

医薬部外品表示名称	染毛剤	パーマネントウェーブ用剤	化粧品表示名称 (参考)
L-プロリン アミノ酸類の1つ。天然保湿因子 (NMF) の主成分。ゼラチン (コラーゲンを煮沸して変性したもの) に多く含まれている。	湿潤剤/毛髪処理剤/毛髪保護剤 ハリ・コシ・ツヤ・コーティング	湿潤剤/毛髪処理剤/毛髪保護剤 同左	プロリン —
L-メチオニン 白色の結晶または結晶性の粉末。イオウ分子を含むアミノ酸で水に溶けやすく、アルコールに溶けにくい。皮膚や毛髪などの成長促進作用がある。特異なにおいがあるため、香料によるマスキングが必要。	湿潤剤/毛髪処理剤/毛髪保護剤 ハリ・コシ・ツヤ・コーティング	湿潤剤/毛髪処理剤/毛髪保護剤 同左	メチオニン —
l-メントール シソ科植物ハッカに多く含まれる成分で、ハッカ臭のある透明〜白色の結晶または結晶性の粉末。合成によってもつくられる。鎮静効果や細胞を活性化する効果、配合成分の浸透促進効果もある。dl-メントールより風味がよい。	着香剤 —	着香剤 —	メントール —
L-リジン液 アミノ酸類の1つ。天然保湿因子 (NMF) の主成分。トウダイグサ科植物トウゴマの種子から抽出されるたんぱく質を液状にしたもの。トウゴマの種子から得られる油をヒマシ油という。	#N/A —	湿潤剤/毛髪処理剤/毛髪保護剤 ハリ・コシ・ツヤ・コーティング	リシン

配合成分の名称

本書における染毛剤、パーマネントウェーブ用剤の配合成分の名称は、平成28年1月27日に厚生労働省医薬・生活衛生局審査管理課長より通知された「染毛剤添加物リストについて」(薬生審査発0127第1号) および「パーマネント・ウェーブ用剤添加物リストについて」(薬生審査発0127第3号) をもとに掲載しています。このうち、染毛剤、パーマネント・ウェーブ剤ともに配合目的が不明の成分については、174ページからまとめて掲載しています。

配合成分の由来、作用など

その成分の由来、作用、役割などについて説明しています。

染毛剤に
配合されたときの役割

その成分が染毛剤に配合されたときの
役割について説明しています（参考です）
（用語の意味は14〜31ページに掲載）。

パーマネントウェーブ剤に
配合されたときの役割

その成分がパーマネントウェーブ剤に配合
されたときの役割について説明しています
（参考です）（用語の意味は14〜31ページ
に掲載）。

医薬部外品表示名称	染毛剤	パーマネントウェーブ用剤	化粧品表示名称（参考）
L-プロリン	湿潤剤/毛髪処理剤/毛髪保護剤	湿潤剤/毛髪処理剤/毛髪保護剤	プロリン
アミノ酸類の1つ。天然保湿因子（NMF）の主成分。ゼラチン（コラーゲンを煮沸して変性したもの）に多く含まれている。	ハリ・コシ・ツヤ・コーティング	同左	—
L-メチオニン	湿潤剤/毛髪処理剤/毛髪保護剤	湿潤剤/毛髪処理剤/毛髪保護剤	メチオニン
白色の結晶または結晶性の粉末。イオウ分子を含むアミノ酸で水に溶けやすく、アルコールに溶けにくい。皮膚や毛髪などの成長促進作用がある。特異なにおいがあるため、香料によるマスキングが必要。	ハリ・コシ・ツヤ・コーティング	同左	—
l-メントール	着香剤	着香剤	メントール
シソ科植物ハッカに多く含まれる成分で、ハッカ臭のある透明〜白色の結晶または結晶性の粉末。合成によってもつくられる。鎮静効果や細胞を活性化する効果、配合成分の浸透促進効果もある。dl-メントールより風味がよい。	—	—	—
L-リジン液	#N/A	湿潤剤/毛髪処理剤/毛髪保護剤	リシン
アミノ酸類の1つ。天然保湿因子（NMF）の主成分。トウダイグサ科植物トウゴマの種子から抽出されるたんぱく質を液状にしたもの。トウゴマの種子から得られる油をヒマシ油という。	—	ハリ・コシ・ツヤ・コーティング	—

#N/A……染毛剤またはパーマネントウェーブ用剤で使用できない成分。

役割を分かりやすい
言葉に言い換えたもの

配合目的用語の一部について、その
成分の役割をより分かりやすい言葉で
説明しています。

化粧品表示名称

化粧品に配合された場合
に表示される成分名称を
紹介しています（参考）。

「染毛剤」でよく使われている薬剤成分

染毛剤（医薬部外品）に配合される頻度が高い成分＝ヘアカラー剤のボトルやパッケージに
記載されている成分表示で、最も目にする機会が多い、上位29成分を紹介します（順不同）。
それぞれの特徴など詳しい情報は、掲載されているページをご確認ください。

1,3-ブチレングリコール **P.173 掲載**
配合目的例＝湿潤剤/溶剤

コレステロール **P.58 掲載**
配合目的例＝毛髪保護剤

プロピレングリコール **P.89 掲載**
配合目的例＝湿潤剤/溶剤

ステアリルアルコール **P.66 掲載**
配合目的例＝基剤

アスコルビン酸 **P.35 掲載**
配合目的例＝安定剤

塩化ステアリルトリメチルアンモニウム **P.133 掲載**
配合目的例＝帯電防止剤

アスコルビン酸ナトリウム **P.35 掲載**
配合目的例＝安定剤

セトステアリルアルコール **P.68 掲載**
配合目的例＝基剤

アミノエチルアミノプロピルメチルシロキサン/ジメチルシロキサン共重合体 **P.36 掲載**
配合目的例＝毛髪処理剤・毛髪保護剤

塩化セチルトリメチルアンモニウム **P.133 掲載**
配合目的例＝帯電防止剤

エデト酸塩 **P.45 掲載**
（エデト酸ナトリウム水和物　エデト酸三ナトリウム　エデト酸四ナトリウム　エデト酸四ナトリウム四水塩　エデト酸四ナトリウム二水塩　エデト酸二カリウム二水塩　エデト酸二ナトリウム）
配合目的例＝金属封鎖剤

パラフィン **P.81 掲載**
配合目的例＝基剤

フィトステロール **P.86 掲載**
配合目的例＝毛髪保護剤

ベヘニルアルコール **P.90 掲載**
配合目的例＝基剤

※医薬部外品の染毛剤を対象としたものです。化粧品登録の薬液は、この限りではありません。

「縮毛矯正剤」でよく使われている薬剤成分

縮毛矯正剤（医薬部外品）に配合される頻度が高い成分＝縮毛矯正剤のボトルやパッケージ
に記載されている成分表示で、最も目にする機会が多い、上位26成分を紹介します（順不同）。
それぞれの特徴など詳しい情報は、掲載されているページをご確認ください。

dl-ピロリドンカルボン酸
ナトリウム液

P.162
掲載

配合目的例＝湿潤剤

エデト酸塩

P.45
掲載

（エデト酸ナトリウム水和物　エ
デト酸三ナトリウム　エデト酸四
ナトリウム　エデト酸四ナトリウ
ム四水塩　エデト酸四ナトリウ
ム二水塩　エデト酸二カリウム
二水塩　エデト酸二ナトリウム）

配合目的例＝金属封鎖剤

クエン酸

P.53
掲載

配合目的例＝pH調整剤

クエン酸ナトリウム

P.54
掲載

配合目的例＝pH調整剤

グリチルリチン酸
ジカリウム

P.55
掲載

配合目的例＝湿潤剤

ジプロピレングリコール

P.63
掲載

配合目的例＝湿潤剤/溶剤

ステアリルアルコール

P.66
掲載

配合目的例＝基剤

セタノール

P.68
掲載

配合目的例＝基剤

セトステアリル
アルコール

P.68
掲載

配合目的例＝基剤

デカメチルシクロ
ペンタシロキサン

P.72
掲載

配合目的例＝毛髪処理剤/毛髪保護剤

パラオキシ
安息香酸メチル

P.81
掲載

配合目的例＝防腐剤

ヒドロキシ
エタンジホスホン酸液

P.83
掲載

配合目的例＝金属封鎖剤

※医薬部外品の縮毛矯正剤を対象としたものです。化粧品登録の薬液は、この限りではありません。

「パーマネントウェーブ剤で よく使われている薬剤成分

パーマネントウェーブ剤（医薬部外品）に配合される頻度が高い成分＝パーマネントウェーブ剤のボトルやパッケージに記載されている成分表示で、最も目にする機会が多い、上位29成分を紹介します（順不同）。それぞれの特徴など詳しい情報は、掲載されているページをご確認ください。

DL-ピロリドンカルボン酸
ナトリウム液 — **P.162 掲載**

配合目的例＝湿潤剤

アミノエチル
アミノプロピルシロキサン・ジメチルシロキサン共
重合体エマルション — **P.36 掲載**

配合目的例＝毛髪処理剤/毛髪保護剤

エデト酸塩 — **P.45 掲載**
（エデト酸ナトリウム水和物 エデト酸三ナトリウム エデト酸四ナトリウム エデト酸四ナトリウム四水塩 エデト酸四ナトリウム二水塩 エデト酸二カリウム二水塩 エデト酸二ナトリウム）

配合目的例＝金属封鎖剤

クエン酸 — **P.53 掲載**

配合目的例＝pH調整剤

クエン酸ナトリウム — **P.54 掲載**

配合目的例＝pH調整剤

グリチルリチン酸
ジカリウム — **P.55 掲載**

配合目的例＝湿潤剤

ジプロピレングリコール — **P.63 掲載**

配合目的例＝湿潤剤/溶剤

デヒドロ酢酸ナトリウム — **P.73 掲載**

配合目的例＝防腐剤

パラオキシ
安息香酸メチル — **P.81 掲載**

配合目的例＝防腐剤

ヒドロキシエタン
ジホスホン酸液 — **P.83 掲載**

配合目的例＝金属封鎖剤

ヒドロキシエタン
ジホスホン酸四ナトリウム液 — **P.83 掲載**

配合目的例＝金属封鎖剤

フェノキシエタノール — **P.87 掲載**

配合目的例＝防腐剤

プロピレングリコール — **P.89 掲載**

配合目的例＝湿潤剤/溶剤

※医薬部外品のパーマネントウェーブ剤を対象としたものです。化粧品登録の薬液は、この限りではありません。

配合目的の用語解説

染毛剤やパーマネントウェーブ用剤に配合されている成分には、
それぞれ"配合目的"があります。
その目的を示しているのが、「pH調整剤」「金属封鎖剤」「安定剤」といった用語です。
さまざまな成分の1つひとつが、何のために配合されているのか──。
ここでは、それらの用語の意味を分かりやすく解説していきます。

あるかりざい

【アルカリ剤】

pH（ピーエイチ。P.28参照）を高め、薬剤のアルカリ性を強くすることで、毛髪への薬剤の浸透・反応を促進する成分。染毛剤、パーマネントウェーブ用剤のどちらにも用いられる。

あんていざい

【安定剤】

自然に起こる化学変化・状態変化を防ぎ、製品の品質を安定に保つために添加する成分のこと。一般的に製品は、空気、水、光などにより変質するが、これを防止するために「安定剤」を加える。酸化防止剤・乳化安定剤・防腐剤・金属封鎖剤など。

かいめんかっせいざい

【界面活性剤】

水と油の間にある界面張力を低下させて、両者を混ぜるための成分。水と油を混ぜてクリームや乳液をつくったり（乳化剤）、脂汚れを洗面の水に混ぜて洗い流したり（洗浄剤）、油性成分を水に溶かしたり（可溶化剤、分散剤）する。水分保持力があるので保湿剤や髪の帯電防止剤としても使われる。非イオン界面活性剤、陰イオン界面活性剤、陽イオン界面活性剤、両性イオン界面活性剤等に大別される。

かようざい

【可溶剤】

水に溶けにくい、または溶けない成分を溶かし込むために使われるもの。たとえば油溶性ビタミンを化粧水に配合する場合、合成界面活性剤に溶かしたビタミンを化粧水に注ぐ。このとき使用する界面活性剤が「可溶剤」。

かんしょうざい

··

【緩衝剤】

··

pH緩衝剤ともいう。薬剤の
pHをほぼ一定に維持するた
めに用いられる成分。

きざい

··

【基剤】

··

染毛剤やパーマネントウェー
ブ用剤をかたちづくる大もと
の成分。液状かクリーム状
かなど、製品の最終的なか
たちや状態を決める。基材、
主原料ともいう。油性基剤、
水性基剤、粉体基剤、高
分子基剤、界面活性剤など
がある。

きほうざい

【起泡剤】

泡立ちをよくする成分。製品の泡立ちの向上、または泡を安定させるために使われる。

きんぞくふうさざい

【金属封鎖剤】

金属イオンによって製品の品質や性能が落ちないようにするために使われる。金属イオンと結合して、金属の作用を不活性化する機能を持つ。たとえば石鹸を使うとき、水中にカルシウム、マグネシウム、亜鉛などの金属イオンが存在すると、石鹸が水に溶けなくなって使えなくなったり、汚れが落ちにくくなったりする。こういった金属イオンの作用を防ぎ、石鹸を使いやすくするための成分。キレート剤ともいう。

けんだくざい

・・・・・・・・・・・・・・・・・・・・・・・・・・・・

【懸濁剤】

・・・・・・・・・・・・・・・・・・・・・・・・・・・・

液中で溶けない、または溶けにくい固形物を、液中で均等に分散させた液剤。

さんかぼうしざい

・・・・・・・・・・・・・・・・・・・・・・・・・・・・

【酸化防止剤】

・・・・・・・・・・・・・・・・・・・・・・・・・・・・

原料の酸化を防ぐための薬剤。空気中の酸素による酸化や、異臭等の変質および劣化を防ぐ。酸素と結合することで酸素を消費し、原料を酸化から守る役割を果たす。

しつじゅんざい

....

【湿潤剤】

....

毛髪や皮膚に水分を与え、乾燥を防ぐためのもの。湿潤剤は通常、保湿剤よりも多くの水を与えるものとされる。

しょうほうざい

....

【消泡剤】

....

かき混ぜ等による製造過程、または最終製品において気泡を生じにくくするために用いられるもの。

じょざい
·····························

【助剤】

·····························

おもに作用する薬剤の働きを
サポートする成分。

ぞうねんざい
·····························

【増粘剤】

·····························

粘りを増すための原料。おも
に親水性増粘剤と親油性増
粘剤がある。前者は水っぽ
い製品の粘度を高め、後者
は油っぽい製品（やわらか過
ぎる乳液など）を硬くしたりす
る。

たいしょくぼうしざい

【退色防止剤】

退色や変色をおさえる成分。

ちゃっこうざい

【着香剤】

製品に香りをつける成分。

たいでんぼうしざい

【帯電防止剤】

毛髪や衣服に静電気がたまるのを、水気を保有できる原料で防止するもの。毛髪の表面はマイナスに帯電している。（常時ではない）

ちゃくしょくざい

【着色剤】

製品に着色するための顔料や色素のこと。自然系とタール系、親油性と親水性がある。

ちゅうわざい

....

【中和剤】

....

酸性またはアルカリ性の薬剤を、中性方向へ向かわせるために使用するアルカリ剤や酸剤を指す。

てんかざい

....

【添加剤】

....

製品の性質をよくしたり、効果を高めるための成分。ある製品に付加価値を与えたり、安定性を向上させる目的で配合される助剤。ただし、あくまでも助剤のため、添加剤によってその製品の効果などの本質が飛躍的に変わることはない。

にゅうかざい

....

【乳化剤】

....

乳化とは、油が水に分散している状態、または水が油に分散している状態を指す。このような状態の製品をつくるために使用する界面活性剤の一種。

にゅうかじょざい

....

【乳化助剤】

....

乳化をより安定化させる成分。乳化安定剤ともいう。

ねんどちょうせいざい

....

【粘度調整剤】

....

製品の粘度を必要な範囲に調整するために用いられる成分。

はんのうちょうせいざい
....

【反応調整剤】

....

反応速度を緩和するために
用いられる成分。反応調整
剤が配合された薬剤で施術
する場合、髪に反応する速
度が、時間の経過とともに
緩やかになる。

ふけいざい
....

【賦形剤】

....

やわらかい化粧品の粘度を
上げ、形にしやすくする原料。
顔料、粘土、ゲル状物質、
エステル類。成形剤ともいう。

ぶんさんざい

....

【分散剤】

....

界面活性剤の一種で、液体中に固体を均一に分散させるために用いられるもの。

ふんしゃざい

....

【噴射剤】

....

エアゾール（加圧容器）から原液を噴射するために用いられるもの。

ピーエイチちょうせいざい

································

【pH調整剤】

································

製品のpH(ピーエイチ)を調整するために使う酸剤またはアルカリ剤。通常は、酸、アルカリ、酸性塩、塩基性塩を単独または複数組み合わせて配合する。pHとは、その対象が酸性なのか、アルカリ性なのかを表す尺度。数値は1から14までで、7が中性。 pHが7より小さいと酸性、7より大きいとアルカリ性になる。

ぼうふざい

································

【防腐剤】

································

微生物の増殖を抑制し、製品の腐敗が進まないようにするための成分。保存剤ともいう。

ほしつざい

···

【保湿剤】

···

吸湿性のある物質で、周囲から水分を得てそれを保持するもののことをいう。保湿剤に必要な条件としては、吸湿能力が高く、温度や湿度の影響を受けにくく、毒性や刺激がないことなどが挙げられる。多価アルコール類、有機酸塩類、水溶性高分子類、NMF（天然保湿因子）などのこと。

ほぞんざい

···

【保存剤】

···

微生物の発育を阻止するために加えられる添加剤。防腐剤ともいう。医薬品添加物として、水を使用している製剤には原則として加えられている。

もうはつしょりざい

【毛髪処理剤】

パーマやヘアカラーの施術前に使用。薬剤の効果を調整するなどの目的で使われる。

もうはつほござい

【毛髪保護剤】

毛髪に塗布し、見かけや感触（手触りなど）を向上させる原料。（水分を保持しながら）皮膜を形成し、毛髪を保護する。

もうはつぼうじゅんざい

【毛髪膨潤剤】

液体を吸収して、毛髪がその本質を変化させることなく体積を増すことを促す剤。物質が溶媒（P.31）を吸収して膨らむことを膨潤というが、毛髪の膨潤は間充物質内で起こり、温度が高いほど大きくなる。また同じ温度では、膨潤は等電点で最少となり、アルカリ性側、酸性側で大きくなる。毛髪はアルカリにより膨潤することから、おもにアルカリ剤を指す。

ようざい

【溶剤】

有機化合物を溶かすための
もの。溶媒ともいう。水、油、
アルコール、エーテル、ケト
ンなど溶かすべき対象により、
溶剤は種類が多い。

ようかいざい

【溶解剤】

原料を溶かす成分。溶剤も
その1つ。

ようかいほじょざい

【溶解補助剤】

溶解剤の作用をサポートする
成分。

カタカナで始まる
成分用語

染毛剤、パーマネントウェーブ用剤（いずれも医薬部外品）に
配合されている成分の中で、
成分名の頭文字がカタカナで始まる用語の
配合目的、役割などを紹介します。

※五十音順
※一覧表の中にある「#N/A」は、染毛剤またはパーマネントウェーブ用剤で使用できない成分です。

医薬部外品表示名称	染毛剤	パーマネントウェーブ用剤	化粧品表示名称 (参考)
アクリルアミド・アクリル酸・塩化ジメチルジアリルアンモニウム共重合体液 界面活性剤である塩化ジメチルジアリルアンモニウムと、ヘアセット用の皮膜化高分子のアクリル酸であるアクリルアミドの重合反応でできた液体原料。染毛剤、パーマネントウェーブ用剤ともに毛髪保護剤として配合。	毛髪保護剤 ハリ・コシ・ツヤ・コーティング	毛髪保護剤 同左	ポリクオタニウム-39
アクリル酸・メタクリル酸アルキル共重合体 水に溶かして水酸化カリウムや水酸化ナトリウムなどのアルカリで中和すると増粘する成分。油となじみやすいため、乳化を安定化させることができ、幅広く使われており、染毛剤において増粘剤、粘度調整剤として配合。	増粘剤/粘度調整剤 とろみ/硬さ調整	#N/A —	（アクリル酸/アクリル酸アルキル(C10-30)）コポリマー —
アクリル酸アルキルエステル・メタクリル酸アルキルエステル・ジアセトンアクリルアミド・メタクリル酸共重合体液 合成ポリマー（化学的に合成された化合物）。染毛剤、パーマネントウェーブ用剤ともに毛髪処理剤、毛髪保護剤として配合。ヘアスプレー、セットローション用の中和剤として使われることも。	毛髪処理剤/毛髪保護剤 ハリ・コシ・ツヤ・コーティング	毛髪処理剤/毛髪保護剤 同左	（アクリル酸アルキル/ジアセトンアクリルアミド）コポリマー
アクリル酸アルキル共重合体 水溶性の合成ポリマー。染毛剤、パーマネントウェーブ用剤ともに毛髪処理剤、毛髪保護剤として配合。	毛髪処理剤/毛髪保護剤 ハリ・コシ・ツヤ・コーティング	毛髪処理剤/毛髪保護剤 同左	アクリル酸アルキルコポリマー —
アクリル酸アルキル共重合体エマルション（2） 水溶性の合成ポリマー。染毛剤、パーマネントウェーブ用剤ともに毛髪処理剤、毛髪保護剤として配合。化粧品では乳化安定剤、分散剤、マスカラ基剤、粘度調整剤としても使われている。	毛髪処理剤/毛髪保護剤 ハリ・コシ・ツヤ・コーティング	毛髪処理剤/毛髪保護剤 同左	アクリル酸アルキルコポリマーNa
アクリル酸ヒドロキシエチル・アクリル酸ブチル・アクリル酸メトキシエチル共重合体液 樹脂類の合成ポリマー。染毛剤、パーマネントウェーブ用剤ともに毛髪処理剤、毛髪保護剤として配合。液体整髪料、ヘアブロー・セットローションなどの基剤としても使われている。	毛髪処理剤/毛髪保護剤 ハリ・コシ・ツヤ・コーティング	毛髪処理剤/毛髪保護剤 同左	（アクリル酸ヒドロキシエチル/アクリル酸ブチル/アクリル酸メトキシエチル）コポリマー
アクリル酸ヒドロキシエチル・アクリル酸メトキシエチル共重合体液 樹脂類の合成ポリマー。染毛剤、パーマネントウェーブ用剤ともに毛髪処理剤、毛髪保護剤として配合。液体整髪料、ヘアブロー・セットローションなどの基剤としても使われている。	毛髪処理剤/毛髪保護剤 ハリ・コシ・ツヤ・コーティング	毛髪処理剤/毛髪保護剤 同左	（アクリル酸ヒドロキシエチル/アクリル酸メトキシエチル）コポリマー
アクリル樹脂アルカノールアミン液 水溶性で樹脂類の合成ポリマー。東南アジア等に分布するラックカイガラムシ科の昆虫ラックカイガラムシが樹液を吸った分泌物（セラック）をAMP（pH調整剤）で中和したエタノール溶液。皮膜形成剤としてヘアスプレーなどにも使用される。	毛髪処理剤/毛髪保護剤 ハリ・コシ・ツヤ・コーティング	毛髪処理剤/毛髪保護剤 同左	アクリル酸アルキルコポリマーAMP

医薬部外品表示名称	染毛剤	パーマネントウエーブ用剤	化粧品表示名称 (参考)
アズキ末 マメ科植物アズキから精製した粉体。成分としてフラボノイドやポリフェノールなどを含む。染毛剤、パーマネントウェーブ用剤ともに湿潤剤として配合。	湿潤剤 —	湿潤剤 —	アズキ —
アスコルビン酸 ビタミンCのこと。染毛剤、パーマネントウェーブ用剤ともに安定剤として配合。	安定剤 —	安定剤 —	アスコルビン酸 —
アスコルビン酸ナトリウム アスコルビン酸にナトリウムが結合し構造的に安定させた上で、水に溶けやすくしたもの。染毛剤、パーマネントウェーブ用剤ともに安定剤として配合。	安定剤 —	安定剤 —	アスコルビン酸Na —
アセトアニリド アニリン（アミノベンゼン、フェニルアミンともいう）に無水酢酸を反応させて得られる無色の板状の結晶。染毛剤とパーマネントウェーブ剤では溶剤として配合。	溶剤 —	溶剤 —	— —
アセトン 化学合成でつくられ、特異なにおいのある揮発性の液体。染毛剤、パーマネントウェーブ用剤ともに溶剤として配合。ネイルエナメルの溶剤、ネイルリムーバーの主原料でもある。	溶剤 —	溶剤 —	アセトン —
アセンヤクエキス アカネ科植物ガンビールノキの葉または若枝の乾燥水製エキス。成分としてタンニンを含む。染毛剤、パーマネントウェーブ用剤ともに湿潤剤として配合。	湿潤剤 —	湿潤剤 —	アセンヤクエキス —
アボカドエキス クスノキ科植物アボカド（日本名・ワニナシ）の実から抽出。染毛剤、パーマネントウェーブ用剤ともに湿潤剤として配合。	湿潤剤 —	湿潤剤 —	アボカドエキス —
アボカド油 クスノキ科植物アボカド（日本名・ワニナシ）の実より得られる薄黄色〜褐色のオイル。脂肪酸の組成としてオレイン酸の比率が多い。染毛剤、パーマネントウェーブ用剤ともに基剤、毛髪保護剤として配合。	基剤/毛髪保護剤 剤のベース/ハリ・コシ	基剤/毛髪保護剤 同左	アボカド油 —

医薬部外品表示名称	染毛剤	パーマネントウェーブ用剤	化粧品表示名称 (参考)
アマチャエキス ユキノシタ科植物アマチャの葉や枝先から抽出。保湿効果、柔軟効果に優れている。染毛剤、パーマネントウェーブ用剤ともに湿潤剤として配合。	湿潤剤 —	湿潤剤 —	アマチャエキス —
アミノエチルアミノプロピルシロキサン・ジメチルシロキサン共重合体エマルション アミノエチルやアミノプロピルなどのアミノ基で末端を修飾したシリコーン重合体、アミノ変性シリコーンポリマー。パーマネントウェーブ用剤において、毛髪処理剤、毛髪保護剤として配合。乳剤タイプ。	#N/A —	毛髪処理剤/毛髪保護剤 ハリ・コシ・ツヤ・コーティング	アモジメチコン —
アミノエチルアミノプロピルメチルシロキサン・ジメチルシロキサン共重合体 アミノエチルやアミノプロピルなどのアミノ基で末端を修飾したシリコーン重合体、アミノ変性シリコーンポリマー。パーマネントウェーブ用剤において、毛髪処理剤、毛髪保護剤として配合。	#N/A —	毛髪処理剤/毛髪保護剤 ハリ・コシ・ツヤ・コーティング	アモジメチコン —
アミノ酸・糖混合物 アラニンやグリシンなどのアミノ酸と、グルコースやラクトースなどの糖を化学的に縮合（結合の一種）させたもの。染毛剤、パーマネントウェーブ用剤ともに湿潤剤として配合。	湿潤剤 —	湿潤剤 —	ポリアミノ糖濃縮物 —
アルカンスルホン酸ナトリウム 染毛剤、パーマネントウェーブ用剤ともに起泡剤、乳化剤として配合。界面活性剤。強い洗浄力を有するシャンプーなどでも使われている。	起泡剤/乳化剤 —	起泡剤/乳化剤 —	アルキル（C14-18）スルホン酸Na —
アルキル（11,13,15）硫酸トリエタノールアミン（1） 染毛剤、パーマネントウェーブ用剤ともに起泡剤、乳化剤として配合。界面活性剤。石鹸、シャンプー、リンスなどでも使われている。トリエタノールアミンは有機アルカリ剤で、脂肪酸と反応して石鹸になる成分。	起泡剤/乳化剤 —	起泡剤/乳化剤 —	アルキル（C11-15）硫酸TEA —
アルキル（11,13,15）硫酸トリエタノールアミン（2） 染毛剤、パーマネントウェーブ用剤ともに起泡剤、乳化剤として配合。界面活性剤。石鹸、シャンプー、リンスなどでも使われている。（1）と（2）では平均分子量が異なる。	起泡剤/乳化剤 —	起泡剤/乳化剤 —	アルキル（C11-15）硫酸TEA —
アルキル（11,13,15）硫酸ナトリウム液 液体状の界面活性剤。染毛剤、パーマネントウェーブ用剤ともに起泡剤、乳化剤として配合。	起泡剤/乳化剤 —	起泡剤/乳化剤 —	アルキル（C11-15）硫酸Na —

医薬部外品表示名称	染毛剤	パーマネントウエーブ用剤	化粧品表示名称（参考）
アルキル（12,13）硫酸ナトリウム	起泡剤/乳化剤	起泡剤/乳化剤	アルキル（C12,13）硫酸Na
界面活性剤。染毛剤、パーマネントウェーブ用剤ともに起泡剤、乳化剤として配合。	—	—	—
アルキル（12,14,16）硫酸アンモニウム	起泡剤/乳化剤	起泡剤/乳化剤	アルキル（C12-16）硫酸アンモニウム
染毛剤、パーマネントウェーブ用剤ともに起泡剤、乳化剤として配合。界面活性剤。洗浄剤、石鹸、リンス、シャンプーにも使用される。	—	—	—
アルキル（12〜14）硫酸トリエタノールアミン	起泡剤/乳化剤	起泡剤/乳化剤	アルキル（C12-14）硫酸TEA
染毛剤、パーマネントウェーブ用剤ともに起泡剤、乳化剤として配合。界面活性剤。シャンプー、リンス、洗顔剤などにも使用。	—	—	—
アルキル（12〜15）硫酸トリエタノールアミン	起泡剤/乳化剤	起泡剤/乳化剤	アルキル（C12-15）硫酸TEA
染毛剤、パーマネントウェーブ用剤ともに起泡剤、乳化剤として配合。界面活性剤。シャンプー、リンス、洗顔剤などにも使用。なお、アルキル（12〜15）などの数字は、アルキル基の炭素数を示す。	—	—	—
アルキル硫酸トリエタノールアミン液	起泡剤/乳化剤	起泡剤/乳化剤	アルキル（C12,13）硫酸TEA
染毛剤、パーマネントウェーブ用剤ともに起泡剤、乳化剤として配合。界面活性剤。シャンプー、リンス、洗顔剤などにも使用。非常にクリーミーなのが特徴。	—	—	—
アルキレン（15〜18）グリコール	湿潤剤/乳化助剤	湿潤剤/乳化助剤	（C15-18）グリコール
多価アルコール（アルコールの一種）。染毛剤、パーマネントウェーブ用剤ともに湿潤剤、乳化助剤として配合。	乳化剤の補助	同左	—
アルギン酸ナトリウム	増粘剤	増粘剤	アルギン酸Na
アルギン酸は褐藻の細胞間の粘液多糖類。これにナトリウムを加え、化学的に安定させたもの。染毛剤、パーマネントウェーブ用剤ともに増粘剤として配合。	とろみ	同左	—
アルギン酸プロピレングリコール	増粘剤	増粘剤	アルギン酸PG
アルギン酸は褐藻の細胞間の粘液多糖類。染毛剤、パーマネントウェーブ用剤ともに増粘剤として配合。化粧品ではパックや整髪料での皮膜剤や、乳化安定作用を有する。	とろみ	同左	—

医薬部外品表示名称	染毛剤	パーマネントウェーブ用剤	化粧品表示名称 (参考)
アルテアエキス アオイ科植物ビロウドアオイの根または葉から抽出。粘液質を多く含む。染毛剤、パーマネントウェーブ用剤ともに湿潤剤として配合。	湿潤剤 —	湿潤剤 —	アルテア根エキス —
アルニカエキス キク科植物アルニカの花から抽出。成分としてフラボン系色素、糖類、トリペルテンなどを含む。染毛剤、パーマネントウェーブ用剤ともに湿潤剤として配合。	湿潤剤 —	湿潤剤 —	アルニカ花エキス —
アルモンド核仁末 バラ科植物アーモンドのうち、食用とされるスイートアーモンドの種子の粉末。染毛剤において、湿潤剤として配合。	湿潤剤 —	#N/A —	アーモンド —
アルモンド油 バラ科植物アーモンドのうち、食用とされるスイートアーモンドの種子より採取したオイル。不飽和度が高く、無色〜淡黄色の液状。オレイン酸、リノール酸を多く含み、染毛剤、パーマネントウェーブ用剤ともに基剤、毛髪保護剤として配合。	基剤/毛髪保護剤 剤のベース/ハリ・コシ	基剤/毛髪保護剤 同左	アーモンド油 —
アロエ ユリ科植物キダチアロエまたはアロエベラの葉から抽出した葉汁の乾燥物。成分として粘液質の多糖類、アロエエモジンなどを含む。染毛剤、パーマネントウェーブ用剤ともに湿潤剤として配合。	湿潤剤 —	湿潤剤 —	アロエ —
アロエエキス（1） ユリ科植物キダチアロエまたはアロエベラの葉から抽出した葉汁の乾燥物のエキスと、他のエキスの混合物。染毛剤、パーマネントウェーブ用剤ともに湿潤剤として配合。	湿潤剤 —	湿潤剤 —	アロエエキス —
アロエエキス（2） ユリ科植物キダチアロエまたはアロエベラの葉のエキス。成分として粘液質の多糖類、アロエエモジンなどを含む。保湿効果に優れている。染毛剤、パーマネントウェーブ用剤ともに湿潤剤として配合。	湿潤剤 —	湿潤剤 —	アロエベラ葉エキス —
アロエ液汁 ユリ科植物キダチアロエまたはアロエベラの葉から抽出。パーマネントウェーブ用剤において、湿潤剤として配合。	#N/A —	湿潤剤 —	アロエベラ液汁 —

医薬部外品表示名称	染毛剤	パーマネントウェーブ用剤	化粧品表示名称（参考）
アロエ液汁末（1）	湿潤剤	湿潤剤	ケープアロエ液汁末
複数のアロエの葉汁を乾燥させた粉体。染毛剤、パーマネントウェーブ用剤ともに湿潤剤として配合。	—	—	—
アロエ液汁末（2）	湿潤剤	湿潤剤	アロエベラ葉汁
アロエ液汁を乾燥させた粉体。染毛剤、パーマネントウェーブ用剤ともに湿潤剤として配合。	—	—	—
アンズ果汁	湿潤剤	湿潤剤	アンズ果汁
バラ科植物アンズの果実の果汁。染毛剤、パーマネントウェーブ用剤ともに湿潤剤として配合。	—	—	—
アンモニア水	アルカリ剤/pH調整剤	アルカリ剤/pH調整剤	アンモニア水
液体状のアルカリ剤。ヘアダイ、ブリーチ、コールドパーマなどに使用する。染毛剤、パーマネントウェーブ用剤ともにアルカリ剤、pH調整剤として配合。	—	—	—
イクタモール	防腐剤	防腐剤	イクタモール
古代ヨーロッパ時代の化石に含まれるイヒチオール油から精製した黒褐色の粘液。染毛剤、パーマネントウェーブ剤ともに防腐剤として配合。	微生物の繁殖を防ぐ	同左	—
イソステアリルアルコール	基剤	基剤	イソステアリルアルコール
常温ではロウ状の油性成分。染毛剤、パーマネントウェーブ用剤ともに基剤として配合。クリームの硬さや伸び具合の調整、乳化安定作用など。	剤のベース	同左	—
イソステアリルグリセリルエーテル	#N/A	毛髪保護剤	イソステアリルグリセリル
界面活性剤。パーマネントウェーブ用剤において、毛髪保護剤として配合。	—	ハリ・コシ・ツヤ・コーティング	—
イソステアリン酸	湿潤剤/毛髪保護剤	湿潤剤/毛髪保護剤	イソステアリン酸
高級脂肪酸類。動植物から得られる油脂を分解するか、合成によってつくられる油性成分。染毛剤、パーマネントウェーブ用剤ともに湿潤剤、毛髪保護剤として配合。	—	—	—

医薬部外品表示名称	染毛剤	パーマネントウエーブ用剤	化粧品表示名称 (参考)
イソステアリン酸2-ヘキシルデシル	基剤/湿潤剤/毛髪保護剤	基剤/湿潤剤/毛髪保護剤	イソステアリン酸ヘキシルデシル
無色～微黄色の液体オイル。粘性は低く、酸化や加水分解に対しても安定している。染毛剤、パーマネントウェーブ用剤ともに基剤、湿潤剤、毛髪保護剤として配合。	—	—	—
イソステアリン酸イソプロピル	基剤/湿潤剤/毛髪保護剤	基剤/湿潤剤/毛髪保護剤	イソステアリン酸イソプロピル
淡黄色の液体オイル。浸透性や展延性がよく、粘性は低い、さっぱりした感触のエステル（化合物の一種）油。染毛剤、パーマネントウェーブ用剤ともに基剤、湿潤剤、毛髪保護剤として配合。	—	—	—
イソステアリン酸コレステリル	#N/A	毛髪処理剤/毛髪保護剤	イソステアリン酸コレステリル
淡黄色～褐色のワセリン状オイル。類似細胞間脂質といわれ、パーマネントウェーブ用剤において、毛髪処理剤、毛髪保護剤として配合。	—	ハリ・コシ・ツヤ・コーティング	—
イソステアリン酸フィトステリル	#N/A	湿潤剤/毛髪保護剤	イソステアリン酸フィトステリル
淡黄色～黄色の液体またはペースト状で、パーマネントウェーブ用剤において、湿潤剤、毛髪保護剤として配合。	—	—	—
イソステアリン酸ポリオキシエチレングリセリル	乳化剤	乳化剤	イソステアリン酸PEG-15グリセリル
油性成分の高級脂肪酸と水性成分のポリエチレングリコールを、グリセリンを間に挟んで一列につなぎ合わせた構造を持つ界面活性剤。染毛剤、パーマネントウェーブ用剤ともに乳化剤として配合。	混ざらないものを化学上安定に混ぜる	同左	—
イソステアリン酸ポリオキシエチレンソルビタン（20E.O.）	乳化剤	乳化剤	イソステアリン酸PEG-20ソルビタン
油性成分の高級脂肪酸と水性成分のポリエチレングリコールに、ソルビタンを間に挟んで一列につなぎ合わせた構造を持つ界面活性剤。染毛剤、パーマネントウェーブ用剤ともに乳化剤として配合。	混ざらないものを化学上安定に混ぜる	同左	—
イソステアリン酸ポリオキシエチレン硬化ヒマシ油	乳化剤	乳化剤	イソステアリン酸PEG-20水添ヒマシ油
油性成分の高級脂肪酸と水性成分のポリエチレングリコールに、水素を添加したヒマシ油を間に挟んで一列につなぎ合わせた構造を持つ界面活性剤。染毛剤、パーマネントウェーブ用剤ともに乳化剤として配合。	混ざらないものを化学上安定に混ぜる	同左	—
イソステアロイル加水分解コラーゲン（1）	湿潤剤/毛髪保護剤	湿潤剤/毛髪保護剤	イソステアロイル加水分解コラーゲン
界面活性剤。ポリペプチドとイソステアリン酸縮合物の流動パラフィン溶液。染毛剤、パーマネントウェーブ用剤ともに湿潤剤、毛髪保護剤として配合。	—	—	—

医薬部外品表示名称	染毛剤	パーマネントウェーブ用剤	化粧品表示名称 (参考)
イソステアロイル加水分解コラーゲン・アミノメチルプロパンジオール塩 脂肪酸との併用でpH調整剤になるAMPD（2-アミノ‐2-メチル‐1,3‐プロパンジオール）とイソステアロイル加水分解コラーゲンとの化合物。染毛剤、パーマネントウェーブ用剤ともに湿潤剤、毛髪保護剤として配合。	湿潤剤/毛髪保護剤 —	湿潤剤/毛髪保護剤 —	イソステアロイル加水分解コラーゲンAMPD —
イソステアロイル加水分解コラーゲン液（2） 界面活性剤。ポリペプチドとイソステアリン酸縮合物のイソステアリン酸溶液。染毛剤、パーマネントウェーブ用剤ともに湿潤剤、毛髪保護剤として配合。	湿潤剤/毛髪保護剤 —	湿潤剤/毛髪保護剤 —	イソステアロイル加水分解コラーゲン —
イソステアロイル加水分解コラーゲン液（3） 界面活性剤。ポリペプチドとイソステアリン酸縮合物のイソステアリン酸溶液。染毛剤、パーマネントウェーブ用剤ともに湿潤剤、毛髪保護剤として配合。(2)とは縮合時の割合が異なる。	湿潤剤/毛髪保護剤 —	湿潤剤/毛髪保護剤 —	イソステアロイル加水分解コラーゲン —
イソステアロイル乳酸ナトリウム 界面活性剤。イソステアリン酸と乳酸の化合物を化学的に安定させたもの。染毛剤、パーマネントウェーブ用剤ともに乳化剤、湿潤剤として配合。	乳化剤/湿潤剤 —	乳化剤/湿潤剤 —	イソステアロイル乳酸Na —
イソノナン酸イソデシル ノナン酸は合成の飽和脂肪酸（油剤）。イソデシルアルコールとイソノナン酸とのエステル（化合物の一種）。皮膚浸透性に優れ、染毛剤、パーマネントウェーブ用剤ともに基剤、毛髪保護剤として配合。	基剤/毛髪保護剤 剤のベース/ハリ・コシ	基剤/毛髪保護剤 同左	イソノナン酸イソデシル —
イソノナン酸イソトリデシル イソトリデシルアルコールとイソノナン酸とのエステル（化合物の一種）で、粘性の低い液状オイル。伸びやなじみがよく、さまざまなオイル成分と組み合わせて処方されている。パーマネントウェーブ用剤において、毛髪保護剤として配合。	#N/A —	毛髪保護剤 ハリ・コシ・ツヤ・コーティング	イソノナン酸イソトリデシル —
イソノナン酸イソノニル ノニルは飽和アルコール。ノニルアルコール（ノナノール）として合成界面活性剤や可塑剤の原料に。染毛剤、パーマネントウェーブ用剤ともに基剤、毛髪保護剤として配合。	基剤/毛髪保護剤 剤のベース/ハリ・コシ	基剤/毛髪保護剤 同左	イソノナン酸イソノニル —
イソプロパノール 脂肪族アルコールで、さまざまな高分子化合物を溶かす性質に優れた溶媒成分。染毛剤、パーマネントウェーブ用剤ともに溶剤として配合。	溶剤 —	溶剤 —	イソプロパノール —

医薬部外品表示名称	染毛剤	パーマネントウェーブ用剤	化粧品表示名称 (参考)
イソプロパノールアミン ジイソプロパノールアミンおよびトリイソプロパノールアミン（防腐剤）を含むpH調整剤。染毛剤、パーマネントウェーブ用剤ともにアルカリ剤、pH調整剤として配合。	アルカリ剤/pH調整剤 —	アルカリ剤/pH調整剤 —	イソプロパノールアミン —
イソプロピルメチルフェノール 低刺激で広範囲の殺菌性を有し、安定性、安全性に優れた成分。染毛剤、パーマネントウェーブ剤ともに防腐剤として配合。	防腐剤 微生物の繁殖を防ぐ	防腐剤 同左	o-シメン-5-オール —
イラクサエキス（1） イラクサ科植物イラクサまたはセイヨウイラクサの葉から抽出。成分としてアセチルコリン、ビタミン類、カロチノイド類、アミノ酸類を含む。染毛剤、パーマネントウェーブ用剤ともに湿潤剤として配合。	湿潤剤 —	湿潤剤 —	イラクサ葉エキス —
イラクサエキス（2） イラクサ科植物イラクサまたはセイヨウイラクサの根から抽出。成分としてアセチルコリン、ビタミン類、カロチノイド類、アミノ酸類を含む。染毛剤、パーマネントウェーブ用剤ともに湿潤剤として配合。	湿潤剤 —	湿潤剤 —	イラクサ根エキス —
イリス根エキス アヤメ科植物イリスの根から抽出。成分としてフラボノイドを含む。染毛剤、パーマネントウェーブ用剤ともに湿潤剤として配合。	湿潤剤 —	湿潤剤 —	イリス根エキス —
イリス根末 アヤメ科植物イリスの根から抽出したエキスの粉体。染毛剤、パーマネントウェーブ用剤ともに湿潤剤として配合。	湿潤剤 —	湿潤剤 —	イリス根 —
ウイキョウ セリ科植物ウイキョウの果実。染毛剤、パーマネントウェーブ用剤ともに湿潤剤として配合。	湿潤剤 —	湿潤剤 —	ウイキョウ —
ウイキョウエキス セリ科植物ウイキョウの果実のエキス。成分としてアネトール、ピネン、アニスアルデヒドなどの精油を含む。染毛剤、パーマネントウェーブ用剤ともに湿潤剤として配合。	湿潤剤 —	湿潤剤 —	ウイキョウ果実エキス —

医薬部外品表示名称	染毛剤	パーマネントウエーブ用剤	化粧品表示名称 (参考)
ウイキョウ油 セリ科植物ウイキョウの果実から抽出したアネトール、ピネン、アニスアルデヒトなどを含む精油。染毛剤、パーマネントウェーブ用剤ともに基剤、毛髪保護剤として配合。	基剤/毛髪保護剤 剤のベース/ハリ・コシ	基剤/毛髪保護剤 同左	ウイキョウ果実油 —
ウコンエキス ショウガ科植物ウコンの根茎から抽出。消炎効果がある。染毛剤、パーマネントウェーブ用剤ともに湿潤剤として配合。	湿潤剤 —	湿潤剤 —	ウコン根茎エキス —
ウンデシルヒドロキシエチルイミダゾリニウムベタインナトリウム液 界面活性剤。染毛剤、パーマネントウェーブ用剤ともに起泡剤、乳化剤として配合。化粧品では洗浄剤、ヘアコンディショニング剤としても使われている。	起泡剤/乳化剤 —	起泡剤/乳化剤 —	ラウロアンホ酢酸Na —
ウンデシレノイル加水分解コラーゲンカリウム液 界面活性剤。ウンデシレン酸は脂肪酸。染毛剤、パーマネントウェーブ用剤ともに湿潤剤、毛髪処理剤、毛髪保護剤として配合。化粧品では親水性増粘剤、ヘアコンディショニング剤としても使われている。	湿潤剤/毛髪処理剤/毛髪保護剤	湿潤剤/毛髪処理剤/毛髪保護剤	ウンデシレノイル加水分解コラーゲンK
エイジツエキス オトギリソウ科植物オトギリソウの花、葉、茎から抽出。成分としてフラボノイドを含む。染毛剤、パーマネントウェーブ用剤ともに湿潤剤として配合。	湿潤剤 —	湿潤剤 —	オトギリソウ花/葉/茎エキス —
エイジツ末 バラ科植物ノイバラの果実を営実(エイジツ)といい、その果実末のこと。染毛剤、パーマネントウェーブ用剤ともに湿潤剤として配合。	湿潤剤 —	湿潤剤 —	エイジツ —
エタノール 無色透明の揮発性の液体。穀類などのデンプンを発酵させてつくったり、化学的に合成してつくられる。染毛剤、パーマネントウェーブ用剤ともに溶剤として配合。	溶剤 有機化合物を溶かす	溶剤 同左	エタノール —
エチルセルロース セルロースの水酸基をエトキシル基に置換したもの。染毛剤、パーマネントウェーブ用剤ともに増粘剤として配合。	増粘剤 とろみ	増粘剤 同左	エチルセルロース

医薬部外品表示名称	染毛剤	パーマネントウェーブ用剤	化粧品表示名称 (参考)
エチル硫酸ラノリン脂肪酸アミノプロピルエチルジメチルアンモニウム(2)	毛髪保護剤	毛髪保護剤	クオタニウム-33
羊の皮脂分泌物由来の界面活性剤。黄色～黄褐色のペースト状。水溶性で、低pHでも容易に混ぜることができる。染毛剤、パーマネントウェーブ用剤ともに毛髪保護剤として配合。	ハリ・コシ・ツヤ・コーティング	同左	—
エチル硫酸ラノリン脂肪酸アミノプロピルエチルジメチルアンモニウム液(1)	毛髪保護剤	毛髪保護剤	クオタニウム-33
羊の皮脂分泌物由来の界面活性剤。黄色～黄褐色。水溶性で、低pHでも容易に混ぜることができる。染毛剤、パーマネントウェーブ用剤ともに毛髪保護剤として配合。	ハリ・コシ・ツヤ・コーティング	同左	—
エチレングリコールエチルエーテル	溶剤	溶剤	エトキシエタノール
有機合成反応の溶媒として使われている。染毛剤、パーマネントウェーブ用剤ともに溶剤として配合。エナメル除去液などにも使用。	—	—	—
エチレングリコールメチルエーテル	溶剤	溶剤	メトキシエタノール
有機合成反応の溶媒として使われている。染毛剤、パーマネントウェーブ用剤ともに溶剤として配合。化粧品では洗浄剤、粘度低下剤として用いられる。	—	—	—
エチレングリコールモノブチルエーテル	溶剤	溶剤	ブトキシエタノール
高沸点溶剤。染毛剤、パーマネントウェーブ用剤ともに溶剤として配合。ラッカー、エナメルの流動性や光沢向上のほか、除去剤としても使われている。	—	—	—
エチレンジアミンテトラキス(2-ヒドロキシイソプロピル)ジオレイン酸塩	金属封鎖剤	金属封鎖剤	エチレンジアミンテトラキスヒドロキシイソプロピルジオレイン酸
染毛剤、パーマネントウェーブ用剤ともに金属封鎖剤として配合。金属を取り込み、腐食を防ぐ。石鹸、シャンプー、トリートメント、リンスなどにも使用されることがある。	ミネラルなどを取り込む	同左	
エチレンジアミンテトラポリオキシエチレンポリオキシプロピレン	乳化剤	乳化剤	ポロキサミン304
界面活性剤。可溶化剤、合成ポリマー。染毛剤、パーマネントウェーブ用剤ともに乳化剤として配合。	混ざらないものを化学上安定に混ぜる	同左	—
エチレンジアミンヒドロキシエチル三酢酸三ナトリウム	金属封鎖剤	金属封鎖剤	HEDTA-3Na
染毛剤、パーマネントウェーブ用剤ともに金属封鎖剤として配合。金属を取り込み、腐食を防ぐ。化粧品では殺菌防腐剤、酸化防止剤、変色防止、石鹸の透明化剤、アミノ酸誘導体、脂肪臭除去などにも使われている。	ミネラルなどを取り込む	同左	

医薬部外品表示名称	染毛剤	パーマネントウェーブ用剤	化粧品表示名称 (参考)
エチレンジアミンヒドロキシエチル三酢酸三ナトリウム二水塩 染毛剤、パーマネントウェーブ用剤ともに金属封鎖剤として配合。金属を取り込み、腐食を防ぐ。化粧品では殺菌防腐剤、酸化防止剤、変色防止、石鹸の透明化剤、アミノ酸誘導体、脂肪臭除去などにも使われている。	金属封鎖剤 ミネラルなどを取り込む	金属封鎖剤 同左	HEDTA-3Na —
エデト酸 染毛剤、パーマネントウェーブ用剤ともに金属封鎖剤として配合。化粧品では殺菌防腐剤、酸化防止剤、脂肪臭除去、歯石軟化、アミノ酸誘導体として配合される。	金属封鎖剤 ミネラルなどを取り込む	金属封鎖剤 同左	EDTA —
エデト酸ナトリウム水和物 ナトリウムと水が結合した化合物と、エデト酸が化合したもの。パーマネントウェーブ用剤において、金属封鎖剤として配合。	#N/A — 	金属封鎖剤 — ミネラルなどを取り込む	— —
エデト酸三ナトリウム 染毛剤、パーマネントウェーブ用剤ともに金属封鎖剤として配合。下記のエデト酸四ナトリウムとの違いは、水に溶かしたときの溶解度。エデト酸三ナトリウムのほうが、水への溶解度が低い。	金属封鎖剤 ミネラルなどを取り込む	金属封鎖剤 同左	EDTA-3Na —
エデト酸四ナトリウム 染毛剤、パーマネントウェーブ用剤ともに金属封鎖剤として配合。上記のエデト酸三ナトリウムとの違いは、水に溶かしたときの溶解度。エデト酸四ナトリウムの方が、水への溶解度が高い。	金属封鎖剤 ミネラルなどを取り込む	#N/A —	EDTA-4Na —
エデト酸四ナトリウム四水塩 「○水塩」とは、エデト酸四ナトリウム四水塩の場合、エデト酸とナトリウムの間に結合した水のこと。下記のエデト酸四ナトリウム二水塩よりも水が多く、エデト酸四ナトリウム四水塩をより水に溶けやすくする。	金属封鎖剤 ミネラルなどを取り込む	金属封鎖剤 同左	EDTA-4Na —
エデト酸四ナトリウム二水塩 上記のエデト酸四染毛剤、パーマネントウェーブ用剤ともに金属封鎖剤として配合。ナトリウム四水塩よりも水が少ないため、四水塩に比べて、水に溶けにくい。	金属封鎖剤 ミネラルなどを取り込む	金属封鎖剤 同左	EDTA-4Na —
エデト酸二カリウム二水塩 染毛剤、パーマネントウェーブ用剤ともに金属封鎖剤として配合。化粧品では歯石軟化、酸化防止剤、脂肪臭除去を目的に配合される。	金属封鎖剤 ミネラルなどを取り込む	金属封鎖剤 同左	EDTA-2K —

医薬部外品表示名称	染毛剤	パーマネントウェーブ用剤	化粧品表示名称 (参考)
エデト酸ニナトリウム 染毛剤、パーマネントウェーブ用剤ともに金属封鎖剤として配合。前出のエデト酸三ナトリウム・四ナトリウムとの違いは、水に溶かしたときの溶解度。エデト酸ニナトリウムの方が、水への溶解度が低い。	金属封鎖剤 ミネラルなどを取り込む	金属封鎖剤 同左	EDTA-2Na —
エリソルビン酸 アスコルビン酸の異性体。染毛剤において、安定剤として配合。化粧品では酸化防止剤のほか、ビタミンCの作用に準じる役割も。	安定剤 —	#N/A —	エリソルビン酸 —
エリソルビン酸ナトリウム アスコルビン酸の異性体。エリソルビン酸にナトリウムを化合して、化学的に安定させたもの。染毛剤、パーマネントウェーブ用剤ともに安定剤として配合。	安定剤 —	安定剤 —	エリソルビン酸Na —
オウゴンエキス シソ科植物コガネバナの根から抽出。フラボノイド、ステロイド類、バイカリンなどを含む。染毛剤、パーマネントウェーブ用剤ともに湿潤剤として配合。	湿潤剤 —	湿潤剤 —	オウゴン根エキス —
オウバクエキス ミカン科植物キハダの木の皮から抽出。成分はベルベリンをはじめとするアルカロイド類、フラボノイドを含む。染毛剤、パーマネントウェーブ用剤ともに湿潤剤として配合。	湿潤剤 —	湿潤剤 —	オウバクエキス —
オウレンエキス キンポウゲ科植物オウレンの根茎から抽出。成分としてベルベリン、オーレニンなどのアルカロイドやフェルラ酸を含む。染毛剤、パーマネントウェーブ用剤ともに湿潤剤として配合。	湿潤剤 —	湿潤剤 —	オウレンエキス —
オキシベンゾン 2-ヒドロキシ-4-メトキシベンゾフェノン。アルコールやオイルに溶け、水にはほとんど溶けない性質。染毛剤では毛髪保護剤、パーマネントウェーブ用剤では紫外線吸収剤として配合。	毛髪保護剤 ハリ・コシ・ツヤ・コーティング	紫外線吸収剤 —	オキシベンゾン-3 —
オクタメチルシクロテトラシロキサン 合成ポリマー、シリコーン、撥水性皮膜剤。染毛剤、パーマネントウェーブ用剤ともに毛髪処理剤、毛髪保護剤として配合。	毛髪処理剤/毛髪保護剤 ハリ・コシ・ツヤ・コーティング	毛髪処理剤/毛髪保護剤 同左	シクロテトラシロキサン —

医薬部外品表示名称	染毛剤	パーマネントウェーブ用剤	化粧品表示名称 (参考)
オトギリソウエキス オトギリソウ科植物オトギリソウまたはセイヨウオトギリソウの地上部から抽出。クエルセチンなどのフラボノイド類、アントラキノン類、タンニンを含む。染毛剤、パーマネントウェーブ用剤ともに湿潤剤として配合。	湿潤剤 —	湿潤剤 —	オトギリソウ花/葉/茎エキス
オドリコソウエキス シソ科植物オドリコソウの茎、葉、花から抽出。成分としてフラボノイド、タンニン、サポニンなどを含む。染毛剤、パーマネントウェーブ用剤ともに湿潤剤として配合。	湿潤剤 —	湿潤剤 —	オドリコソウ花/葉/茎エキス
オノニスエキス マメ科植物オニノスの全草から抽出。成分としてイソフラボン、テルペンなど。染毛剤、パーマネントウェーブ用剤ともに湿潤剤として配合。	湿潤剤 —	湿潤剤 —	オノニスエキス
オランダカラシエキス セリ科植物オランダカラシの全草から抽出。主な成分は辛味配合体のシニグリンと豊富なビタミン類。染毛剤、パーマネントウェーブ用剤ともに湿潤剤として配合。	湿潤剤 —	湿潤剤 —	オランダガラシエキス
オリブ油 モクセイ科植物オリーブの熟した果実から採取したオイル。オレイン酸が多く、その他リノール酸、パルミチン酸を含む。染毛剤、パーマネントウェーブ用剤ともに基剤、毛髪保護剤として配合。	基剤/毛髪保護剤 剤のベース/ハリ・コシ	基剤/毛髪保護剤 同左	オリーブ果実油
オルトトリルビグアナイド 白色～乳白色の粉末。染毛剤、パーマネントウェーブ用剤ともに安定剤、酸化防止剤として配合。	安定剤/酸化防止剤 —	安定剤/酸化防止剤 —	o-トリルビグアニド
オルトフェニルフェノール 殺菌防腐剤。染毛剤、パーマネントウェーブ剤ともに防腐剤として配合。グレープフルーツやレモンなどの輸入柑橘類に防カビ剤として使われることがある。	防腐剤 微生物の繁殖を防ぐ	防腐剤 同左	o-フェニルフェノール —
オレイルアルコール マッコウクジラ、ツチクジラの脂質に多量に含まれているが、捕鯨の規制に伴い牛肉の脂肪やオリーブオイルからもつくられるようになった。染毛剤、パーマネントウェーブ用剤ともに基剤として配合。	基剤 剤のベース	基剤 同左	オレイルアルコール —

医薬部外品表示名称	染毛剤	パーマネントウエーブ用剤	化粧品表示名称（参考）
オレイン酸 不飽和脂肪酸。動植物から得られる油脂を分解するか合成によってつくられる油性成分。一般的には、水酸化ナトリウムなどの強アルカリ成分と一緒に配合される。染毛剤、パーマネントウェーブ用剤ともに乳化剤、湿潤剤として配合。	乳化剤/湿潤剤 —	乳化剤/湿潤剤 —	オレイン酸 —
オレイン酸オレイル 潤滑性、保湿性に優れる油剤。染毛剤、パーマネントウェーブ用剤ともに湿潤剤、毛髪保護剤として配合。	湿潤剤/毛髪保護剤 —	湿潤剤/毛髪保護剤 —	オレイン酸オレイル —
オレイン酸グリセリル（2） 油性成分の高級脂肪酸に、水性成分のグリセリンをつなぎ合わせたもの。染毛剤、パーマネントウェーブ用剤ともに乳化剤、湿潤剤として配合。	乳化剤/湿潤剤 —	乳化剤/湿潤剤 —	オレイン酸グリセリル —
オレイン酸デシル 天然油脂を原科としたオレイン酸とデシルアルコールのエステル（化合物の一種）で、微黄色で透明、粘性がある液体。染毛剤、パーマネントウェーブ用剤ともに毛髪保護剤として配合。	毛髪保護剤 ハリ・コシ・ツヤ・コーティング	毛髪保護剤 同左	オレイン酸デシル —
オレイン酸フィトステリル 油剤。フィトステロールは植物ステロール。染毛剤、パーマネントウェーブ用剤ともに毛髪保護剤として配合。	毛髪保護剤 ハリ・コシ・ツヤ・コーティング	毛髪保護剤 同左	オレイン酸フィトステリル —
オレイン酸ポリオキシエチレンソルビット（40E.O.） 界面活性剤。合成ポリマー。ソルビットは植物に分布する6価アルコール。ソルビトールともいう。染毛剤、パーマネントウェーブ用剤ともに乳化剤として配合。	乳化剤 混ざらないものを化学上安定に混ぜる	乳化剤 同左	オレイン酸PEG-40ソルビット —
オレオイルザルコシン 界面活性剤。サルコシンはたんぱくを構成しないアミノ酸。染毛剤、パーマネントウェーブ用剤ともに起泡剤として配合。	起泡剤 —	起泡剤 —	オレオイルサルコシン —
オレオイルメチルタウリンナトリウム 界面活性剤。染毛剤において、起泡剤として配合。タウリンはタウロコール酸の形で生物界に存在。	起泡剤 —	#N/A	オレオイルメチルタウリンNa

医薬部外品表示名称	染毛剤	パーマネントウェーブ用剤	化粧品表示名称 (参考)
オレオイル加水分解コラーゲン 界面活性剤。染毛剤、パーマネントウェーブ用剤ともに毛髪処理剤、毛髪保護剤として配合。化粧品では乳化剤、洗浄剤、皮膚コンディショニング剤としても使われている。	毛髪処理剤/毛髪保護剤 ハリ・コシ・ツヤ・コーティング	毛髪処理剤/毛髪保護剤 同左	オレオイル加水分解コラーゲン —
オレンジフラワー水 ミカン科植物オレンジの花から水蒸気蒸留し、得られた水相成分。染毛剤、パーマネントウェーブ用剤ともに湿潤剤として配合。	湿潤剤 —	湿潤剤 —	オレンジフラワー水 —
オレンジラフィー油 ヒウチダイ科の魚類・オレンジラフィーから得た無色〜微黄色の液体油脂。飽和高級アルコールと不飽和高級脂肪酸とのロウエステル（化合物の一種）。染毛剤、パーマネントウェーブ用剤ともに基剤、毛髪保護剤として配合。	基剤/毛髪保護剤 剤のベース/ハリ・コシ	基剤/毛髪保護剤 同左	オレンジラフィー油 —
オレンジ果汁 ミカン科植物オレンジの果実を圧搾し、得られた果汁を精製したもの。精油、有機酸、糖類やビタミン類を含む。染毛剤、パーマネントウェーブ用剤ともに湿潤剤として配合。	湿潤剤	湿潤剤	オレンジ果汁
オレンジ油 ミカン科植物オレンジ、またはシトラス属に含まれる果皮から得られるオイル。心地よい柑橘系の香りが特徴。染毛剤、パーマネントウェーブ用剤ともに基剤、毛髪保護剤、着香剤として配合。	基剤/毛髪保護剤/着香剤 剤のベース/ハリ・コシ	基剤/毛髪保護剤/着香剤 同左	オレンジ油
カーボンブラック 天然ガスや液状炭化水素の不完全燃焼、または熱による分解反応によってつくられる微粒子粉末の炭素。着色力が強いので、少量の配合で効果的に使える特徴がある。染毛剤、パーマネントウェーブ用剤ともに着色剤として配合。	着色剤 —	着色剤 —	カーボンブラック —
カキタンニン カキノキ科植物カキの葉に非常に多く含まれる成分。パーマネントウェーブ用剤において、防臭剤として配合。	#N/A —	防臭剤 においを減らす、消す	カキタンニン —
カミツレ末 キク科植物カミツレの花から抽出。染毛剤、パーマネントウェーブ用剤ともに湿潤剤として配合。	湿潤剤 —	湿潤剤 —	カミツレ —

医薬部外品表示名称	染毛剤	パーマネントウェーブ用剤	化粧品表示名称 (参考)
カモミラエキス（1）	湿潤剤	湿潤剤	カミツレ花/葉エキス
キク科植物カミツレの花および葉からアルコール類で抽出したエキス。染毛剤、パーマネントウェーブ用剤ともに湿潤剤として配合。	—	—	—
カモミラエキス（2）	湿潤剤	湿潤剤	カミツレ花/葉エキス
キク科植物カミツレの花および葉からメタノール、プロピレングリコールで抽出したエキス。染毛剤、パーマネントウェーブ用剤ともに湿潤剤として配合。	—	—	—
カラギーナン	増粘剤	増粘剤	カラギーナン
紅藻類スギノリ科とミリン科の海藻から抽出された多糖類。独特の粘性と肌感触があり、染毛剤、パーマネントウェーブ用剤ともに増粘剤として配合。	とろみ	同左	—
カラスムギエキス	湿潤剤	#N/A	カラスムギ穀粒エキス
イネ科植物カラスムギの種子から抽出。染毛剤において、湿潤剤として配合。化粧品では酸化防止剤、皮膚コンディショニング剤としても使われている。	—	—	—
カラメル	着色剤	着色剤	カラメル
ブドウ糖、水飴などの糖類を加熱・分解させてつくられる褐色の液体。化学組成は有機酸やエステル類など多数の成分で構成。水に溶けるタイプの天然色素として使われる。染毛剤、パーマネントウェーブ用剤ともに着色剤として配合。	—	—	—
カリウム含有石けん用素地	起泡剤	起泡剤	カリ含有石ケン素地
高級脂肪酸と水酸化カリウムとの中和反応、もしくは油脂を水酸化カリウムで加水分解してつくられる界面活性剤。カリウム石鹸とナトリウム石鹸の混合。染毛剤、パーマネントウェーブ用剤ともに起泡剤として配合。	—	—	—
カリウム石けん用素地	起泡剤	起泡剤	カリ石ケン素地
高級脂肪酸と水酸化カリウムとの中和反応、もしくは油脂を水酸化カリウムで加水分解してつくられる界面活性剤。石鹸の素地として使用。染毛剤、パーマネントウェーブ用剤ともに起泡剤として配合。	—	—	—
カリ石ケン	起泡剤	起泡剤	カリ石ケン
高級脂肪酸と水酸化カリウムとの中和反応、もしくは油脂を水酸化カリウムで加水分解してつくられる界面活性剤。カリウム石鹸。石鹸そのもののこと。染毛剤、パーマネントウェーブ用剤ともに起泡剤として配合。	—	—	—

医薬部外品表示名称	染毛剤	パーマネントウェーブ用剤	化粧品表示名称 (参考)
カルナウバロウ	基剤/毛髪保護剤	基剤/毛髪保護剤	カルナウバロウ
ブラジル産のカルナウバヤシの葉柄の分泌物から抽出した、硬くてもろい薄黄色～薄褐色の固形状のワックス。成分としてセロリン酸ミリシルなどのエステルオイルなどを含む。染毛剤、パーマネントウェーブ用剤ともに基剤、毛髪保護剤として配合。	剤のベース/ハリ・コシ	同左	—
カルボキシビニルポリマー	増粘剤/粘度調整剤	増粘剤/粘度調整剤	カルボマー
アクリル酸を主体とする水溶性高分子で、水酸化ナトリウムやトリエタノールアミンなどのアルカリで中和すると増粘する。染毛剤、パーマネントウェーブ用剤ともに増粘剤、粘度調整剤として配合。	とろみ/硬さ調整	同左	—
カルボキシメチルキチン液	湿潤剤/毛髪保護剤	湿潤剤/毛髪保護剤	カルボキシメチルキチン
水に対して不溶性のキチン（カニ甲殻）を水溶性にしたもの。染毛剤、パーマネントウェーブ用剤ともに湿潤剤、毛髪保護剤として配合。	ハリ・コシ・ツヤ・コーティング	同左	—
カルボキシメチルセルロースナトリウム	増粘剤	増粘剤	セルロースガム
アルカリセルロースにモノクロロ酢酸ナトリウムを反応させてつくる白色の粉末。水に溶けると粘性のある液状になる。染毛剤、パーマネントウェーブ用剤ともに増粘剤として配合。	とろみ	同左	—
カルメロースナトリウム	増粘剤	増粘剤	セルロースガム
カルボキシメチルセルロースナトリウムの別名。染毛剤、パーマネントウェーブ用剤ともに増粘剤として配合。	とろみ	同左	—
カロット液汁	湿潤剤	湿潤剤	カロット液汁
セリ科植物ニンジンの根から抽出。染毛剤、パーマネントウェーブ用剤ともに湿潤剤として配合。化粧品では皮膚コンディショニング剤としても使われている。	—	—	—
カンゾウエキス	湿潤剤	湿潤剤	甘草エキス
マメ科植物カンゾウ（甘草）の根または茎から抽出。グリチルリチン酸を多量に含む。染毛剤、パーマネントウェーブ用剤ともに湿潤剤として配合。	—	—	—
カンゾウ抽出末	湿潤剤	湿潤剤	カンゾウ根エキス
マメ科植物カンゾウ（甘草）の根から抽出。グリチルリチン酸を多量に含む。染毛剤、パーマネントウェーブ用剤ともに湿潤剤として配合。	—	—	—

医薬部外品表示名称	染毛剤	パーマネントウェーブ用剤	化粧品表示名称 （参考）
カンゾウ末 マメ科植物カンゾウ（甘草）の根または全草からつくられる粉体。グリチルリチン酸を多量に含む。染毛剤、パーマネントウェーブ用剤ともに湿潤剤として配合。	湿潤剤 —	湿潤剤 —	甘草 —
カンテン末 太平洋、日本海などで採れる海藻のマクサ（テングサ）から得られる多糖類。半透明白色のひも状固形物、または白色の粉末状。染毛剤、パーマネントウェーブ用剤ともに増粘剤、粘度調整剤として配合。	増粘剤/粘度調整剤 とろみ/硬さ調整	増粘剤/粘度調整剤 同左	カンテン —
キイチゴエキス バラ科植物キイチゴ（ラズベリー）の果実より抽出精製。ビタミン類、有機酸、糖類を含む。染毛剤、パーマネントウェーブ用剤ともに湿潤剤として配合。	湿潤剤 —	湿潤剤 —	キイチゴエキス —
キサンタンガム キサントモナス属の菌類を培養して得られた多糖類。水溶液は非常に粘性がある。染毛剤、パーマネントウェーブ用剤ともに増粘剤、粘度調整剤として配合。	増粘剤/粘度調整剤 とろみ/硬さ調整	増粘剤/粘度調整剤 同左	キサンタンガム —
キシリット 天然の甘味料。水とゆるく結合して、水の蒸発を抑制する保湿効果に特に優れている。染毛剤、パーマネントウェーブ用剤ともに湿潤剤として配合。	湿潤剤	湿潤剤	キシリトール
キナエキス アカネ科植物キナノキの樹皮から抽出。染毛剤、パーマネントウェーブ用剤ともに湿潤剤として配合。	湿潤剤 —	湿潤剤 —	キナノキ樹皮エキス —
キャンデリラロウ トウダイグサ科植物キャンデリラの茎から抽出した黄褐色の固形状油脂。主成分は高級脂肪酸と高級アルコールのエステル（化合物の一種）。染毛剤、パーマネントウェーブ用剤ともに基剤、毛髪保護剤として配合。	基剤/毛髪保護剤 剤のベース/ハリ・コシ	基剤/毛髪保護剤 同左	キャンデリラロウ —
キューカンバーエキス（1） ウリ科植物キュウリの果実から抽出。成分はビタミン類、有機酸類、糖類、フラボノイド類。染毛剤、パーマネントウェーブ用剤ともに湿潤剤として配合。	湿潤剤 —	湿潤剤 —	キュウリ果実エキス —

医薬部外品表示名称	染毛剤	パーマネントウエーブ用剤	化粧品表示名称 (参考)
キューカンバー油 ウリ科植物キュウリの種子から得た脂肪油。淡黄色～黄色で染毛剤、パーマネントウェーブ用剤ともに基剤、毛髪保護剤として配合。	基剤/毛髪保護剤 剤のベース/ハリ・コシ	基剤/毛髪保護剤 同左	キュウリ油
キョウニンエキス バラ科植物アンズの種子から抽出。染毛剤、パーマネントウェーブ用剤ともに湿潤剤として配合。	湿潤剤 ―	湿潤剤 ―	アンズ種子エキス
キョウニン油 バラ科植物アンズの種子またはその他同属植物の種子から抽出。染毛剤、パーマネントウェーブ用剤ともに基剤、毛髪保護剤として配合。	基剤/毛髪保護剤 剤のベース/ハリ・コシ	基剤/毛髪保護剤 同左	キョウニン油
グアーガム マメ科の植物グアーの胚乳から得られる多糖類の成分。染毛剤、パーマネントウェーブ用剤ともに増粘剤、粘度調整剤として配合。	増粘剤/粘度調整剤 とろみ/硬さ調整	増粘剤/粘度調整剤 同左	グアーガム
グアイアズレン ハマビシ科植物ユソウボクの精油から精製加工して得られる、青色の固体または液体。さまざまな油脂類に溶けやすく、水には溶けない性質。染毛剤、パーマネントウェーブ用剤ともに着色剤として配合。	着色剤 ―	着色剤 ―	グアイアズレン
グアイアズレンスルホン酸ナトリウム グアイアズレンにスルホン酸基を導入して得られる水溶性誘導体。染毛剤、パーマネントウェーブ用剤ともに着色剤として配合。	着色剤 ―	着色剤 ―	グアイアズレンスルホン酸Na
クインスシードエキス バラ科植物マルメロの種子から抽出。水に溶かすと粘性が出るが、べたつかず、さっぱりとした感触を持つ。染毛剤、パーマネントウェーブ用剤ともに湿潤剤として配合。	湿潤剤 ―	湿潤剤 ―	クインスシードエキス
クエン酸 柑橘類の果実に多く含まれている有機酸。動植物界に広く分布。染毛剤、パーマネントウェーブ用剤ともにpH調整剤として配合。	pH調整剤 ―	pH調整剤 ―	クエン酸

医薬部外品表示名称	染毛剤	パーマネントウェーブ用剤	化粧品表示名称 (参考)
クエン酸ナトリウム クエン酸を炭酸ナトリウムで中和して製造する。無色の結晶か白色の結晶性粉末で、無臭で水に溶けやすい。染毛剤、パーマネントウェーブ用剤ともにpH調整剤として配合。	pH調整剤 —	pH調整剤 —	クエン酸Na —
クエン酸ナトリウム水和物 無色の結晶または白色の結晶性粉末。染毛剤、パーマネントウェーブ用剤ともにpH調整剤として配合。医療分野では血液凝固阻止剤として使われている。	pH調整剤 —	pH調整剤 —	— —
クエン酸三ナトリウム 無色の結晶または白色の粉末。染毛剤、パーマネントウェーブ用剤ともにpH調整剤として配合。加工食品では酸味料、調味料などとして使われている。	pH調整剤 —	pH調整剤 —	— —
クエン酸水和物 無色の結晶または白色の粒状、もしくは結晶性の粉末。染毛剤、パーマネントウェーブ用剤ともにpH調整剤として配合。酸味があり、清涼飲料水や加工食品でも使われている。	pH調整剤 —	pH調整剤 —	— —
クチナシエキス アカネ科植物クチナシの果実から抽出。成分としてイリドイド配糖体、カロチノイド、フラボノイドなどを含む。染毛剤、パーマネントウェーブ用剤ともに湿潤剤として配合。	湿潤剤 —	湿潤剤 —	クチナシ果実エキス —
クチナシ黄 アカネ科植物クチナシの果実から得た水溶性のクロシンおよびクロセリンを主成分とする。染毛剤、パーマネントウェーブ用剤ともに着色剤として配合。	着色剤 —	着色剤 —	クチナシ黄 —
クララエキス(1) マメ科植物クララの根から抽出。主な成分としてアルカロイドやフラボノイド、サポニンなど配糖体を含む。染毛剤、パーマネントウェーブ用剤ともに湿潤剤として配合。クララエキス(2)とは抽出液が異なる。	湿潤剤 —	湿潤剤 —	クララ根エキス —
クララエキス(2) マメ科植物クララの根から抽出。主な成分としてアルカロイドやフラボノイド、サポニンなど配糖体を含む。染毛剤、パーマネントウェーブ用剤ともに湿潤剤として配合。クララエキス(1)とは抽出液が異なる。	湿潤剤 —	湿潤剤 —	クララ根エキス —

医薬部外品表示名称	染毛剤	パーマネントウェーブ用剤	化粧品表示名称 (参考)
グリコール酸	pH調整剤	pH調整剤	グリコール酸
自然界ではサトウキビやブドウの実、葉などに含まれている有機酸。染毛剤、パーマネントウェーブ用剤ともにpH調整剤として配合。		―	
グリシン	湿潤剤/毛髪保護剤	湿潤剤/毛髪保護剤	グリシン
アミノ酸類の1つ。天然保湿因子（NMF）の主成分で、タンパク質のもとになっている成分。染毛剤、パーマネントウェーブ用剤ともに湿潤剤、毛髪保護剤として配合。	ハリ・コシ・ツヤ・コーティング	同左	
グリセリン	湿潤剤	湿潤剤	グリセリン
無色のやや粘性のある液体で、水分を吸収する。吸水性が高いことから、保湿効果を目的に幅広い製品に配合されている。染毛剤、パーマネントウェーブ用剤ともに湿潤剤として配合。	―	―	―
グリチルリチン酸	湿潤剤	湿潤剤	グリチルリチン酸
マメ科植物カンゾウ（甘草）の根または茎から抽出し精製。染毛剤、パーマネントウェーブ用剤ともに湿潤剤として配合。			
グリチルリチン酸ジカリウム	湿潤剤	湿潤剤	グリチルリチン酸2K
マメ科植物カンゾウ（甘草）の根または茎から抽出し精製したグリチルリチン酸に、水に溶けやすくするためにカリウムを結合させた成分。染毛剤、パーマネントウェーブ用剤ともに湿潤剤として配合。			
グレープフルーツエキス	湿潤剤	湿潤剤	グレープフルーツ果実エキス
ミカン科植物グレープフルーツの果実から抽出。成分として精油、ビタミン類、有機酸類を含む。染毛剤、パーマネントウェーブ用剤ともに湿潤剤として配合。	―	―	―
クレゾール	防腐剤	#N/A	混合クレゾール
別名メチルフェノール、ヒドロキシトルエン。フェノール類に分類される有機化合物。無色～淡褐色の液体。染毛剤において、防腐剤として配合。	微生物の繁殖を防ぐ	―	―
クレマティスエキス	湿潤剤	湿潤剤	クレマティス葉エキス
キンポウゲ科植物コボタンヅルの葉から抽出。成分としてタンニン、糖類を含む。染毛剤、パーマネントウェーブ用剤ともに湿潤剤として配合。	―	―	―

医薬部外品表示名称	染毛剤	パーマネントウエーブ用剤	化粧品表示名称 （参考）
クロラミンT 白色の結晶性粉末。染毛剤、パーマネントウェーブ剤ともに防腐剤として配合。	防腐剤 微生物の繁殖を防ぐ	防腐剤 同左	クロラミンT —
クロルクレゾール クロロクレゾールともいう。フェノール類に分類される有機化合物。染毛剤において、防腐剤として配合。	防腐剤 微生物の繁殖を防ぐ	#N/A —	p-クロロ-m-クレゾール —
クロレラエキス クロレラから抽出。成分としてβ-カロチン、アミノ酸を多く含む。染毛剤、パーマネントウェーブ用剤ともに湿潤剤として配合。	湿潤剤 —	湿潤剤 —	クロレラエキス —
クワエキス クワ科植物マグワの根皮から抽出。フラボノイドやクマリンなど含む。染毛剤、パーマネントウェーブ用剤ともに湿潤剤として配合。	湿潤剤 —	湿潤剤 —	クロミグワ根皮エキス —
グンジョウ イオウを含んだアルミニウム、ケイ素からできている青色の顔料。古くは柘榴石（ざくろいし）を粉砕して採っていたが、現在は化学合成によってつくられている。染毛剤、パーマネントウェーブ用剤ともに着色剤として配合。	着色剤 —	着色剤 —	グンジョウ —
グンジョウバイオレット イオウを含んだアルミニウム、ケイ素からできている紫色〜紫青色の顔料。化学合成によってつくられている。染毛剤において、着色剤として配合。	着色剤 —	#N/A —	グンジョウ —
ケイ酸ナトリウム 水にきれいに分散する性質を持った白色の粉末。染毛剤、パーマネントウェーブ用剤ともにアルカリ剤、pH調整剤として配合。	アルカリ剤/pH調整剤 —	アルカリ剤/pH調整剤 —	ケイ酸Na —
ゲラニオール 天然のゲラニオールはパルマローザ油、シトロネラ油、ラベンダー油、レモングラス油などの精油に含まれている、バラのような甘い香気を持つ無色の液体だが、現在出回っているのは、ほとんどが合成香料。着香剤として配合。	着香剤 —	着香剤 —	ゲラニオール —

医薬部外品表示名称	染毛剤	パーマネントウエーブ用剤	化粧品表示名称 (参考)
ゲンチアナエキス リンドウ科植物ゲンチアナの根から抽出。生薬として血行促進効果や消炎効果が確認されている。染毛剤、パーマネントウェーブ用剤ともに湿潤剤として配合。	湿潤剤 —	湿潤剤 —	ゲンチアナ根エキス —
コハク酸 動植物界に広く含まれている有機酸。天然では琥珀に含まれているが、原料としては工業的に合成されてつくられている。染毛剤、パーマネントウェーブ用剤ともにpH調整剤として配合。	pH調整剤 —	pH調整剤 —	コハク酸 —
コハク酸ジ2-エチルヘキシル 2-エチルヘキシルアルコールは無水フタル酸やアジピン酸などのエステル（化合物の一種）を可塑剤に使用。染毛剤、パーマネントウェーブ用剤ともに基剤、毛髪保護剤として配合。	基剤/毛髪保護剤 剤のベース/ハリ・コシ	基剤/毛髪保護剤 同左	コハク酸ジエチルヘキシル —
ゴボウエキス キク科植物ゴボウの根から抽出されたエキス。成分としてイヌリン、タンニン、多糖類を多く含む。染毛剤、パーマネントウェーブ用剤ともに湿潤剤として配合。	湿潤剤 —	湿潤剤 —	ゴボウ根エキス —
ゴマ油 ゴマ科植物ゴマの種子から抽出。油剤。染毛剤、パーマネントウェーブ用剤ともに基剤、毛髪保護剤として配合。	基剤/毛髪保護剤 剤のベース/ハリ・コシ	基剤/毛髪保護剤 同左	ゴマ油 —
コムギデンプン イネ科植物コムギの胚乳から得られる。化粧品では研磨・スクラブ剤、吸着剤、結合剤、増量剤、親水性増粘剤としても使われている。	湿潤剤/毛髪保護剤 ハリ・コシ・ツヤ・コーティング	湿潤剤/毛髪保護剤 同左	コムギデンプン —
コムギ胚芽末 イネ科植物コムギの胚芽から得られる。染毛剤、パーマネントウェーブ用剤ともに湿潤剤、毛髪保護剤として配合。	湿潤剤/毛髪保護剤 ハリ・コシ・ツヤ・コーティング	湿潤剤/毛髪保護剤 同左	コムギ胚芽 —
コムギ胚芽油 イネ科植物コムギの胚芽を圧搾または抽出して得た、淡黄褐色の透明な油脂。ウィートジャムオイルとも呼ばれる。染毛剤、パーマネントウェーブ用剤ともに基剤、毛髪保護剤として配合。	基剤/毛髪保護剤 剤のベース/ハリ・コシ	基剤/毛髪保護剤 同左	コムギ胚芽油 —

医薬部外品表示名称	染毛剤	パーマネントウエーブ用剤	化粧品表示名称（参考）
コメデンプン	湿潤剤/毛髪保護剤	湿潤剤/毛髪保護剤	コメデンプン
イネ科植物イネ（ジャポニカ種）の種子の胚乳から得られる。染毛剤、パーマネントウェーブ用剤ともに湿潤剤、毛髪保護剤として配合。	ハリ・コシ・ツヤ・コーティング	同左	—
コメヌカ	湿潤剤/毛髪保護剤	湿潤剤/毛髪保護剤	コメヌカ
イネ科植物イネ（ジャポニカ種）の種皮、胚芽などの粉末。染毛剤、パーマネントウェーブ用剤ともに湿潤剤、毛髪保護剤として配合。	ハリ・コシ・ツヤ・コーティング	同左	—
コメヌカ油	基剤/毛髪保護剤	基剤/毛髪保護剤	コメヌカ油
イネ科植物イネのコメヌカから得られたトリグリセリド、スフィンゴ糖脂質などを成分とする液状オイル。染毛剤、パーマネントウェーブ用剤ともに基剤、毛髪保護剤として配合。※トリグリセリド＝59ページ「サフラワー油」参照	剤のベース/ハリ・コシ	同左	—
コメ胚芽油	基剤/毛髪保護剤	基剤/毛髪保護剤	コメ胚芽油
イネ科植物イネの種子にある胚芽から得られたオイル。成分としてはトリグリセリドを主体とする。有用成分としてγ-オリザノールが有名。染毛剤、パーマネントウェーブ用剤ともに基剤、毛髪保護剤として配合。※トリグリセリド＝59ページ「サフラワー油」参照	剤のベース/ハリ・コシ	同左	—
コレステロール	毛髪保護剤	毛髪保護剤	コレステロール
生物にとって重要な生体成分。白色の薄片状または粒状の結晶。水に溶けず、水を抱え込む働きがあり、染毛剤、パーマネントウェーブ用剤ともに毛髪保護剤として配合。	ハリ・コシ・ツヤ・コーティング	同左	—
コンフリーエキス	湿潤剤	湿潤剤	コンフリー葉エキス
ムラサキ科植物ヒレハリソウの葉をブチレングリコール溶液に浸してつくるエキス。ヨーロッパでは薬草として用いられていた。染毛剤、パーマネントウェーブ用剤ともに湿潤剤として配合。	—	—	—
コンフリー葉末	湿潤剤	湿潤剤	コンフリー葉
ムラサキ科植物ヒレハリソウの葉から抽出。ヨーロッパでは薬草として用いられていた。染毛剤、パーマネントウェーブ用剤ともに湿潤剤として配合。	—	—	—
サクシニルカルボキシメチルキトサン液	#N/A	湿潤剤/毛髪保護剤	カルボキシメチルキトサンサクシナミド
水に不溶のキトサンを化学処理して、水溶性の合成ポリマーにしたもの。パーマネントウェーブ用剤において、湿潤剤、毛髪保護剤として配合。	—	剤のベース/ハリ・コシ・ツヤ・コーティング	—

医薬部外品表示名称		染毛剤	パーマネントウエーブ用剤	化粧品表示名称 ^(参考)
サザンカ油		基剤/毛髪保護剤	基剤/毛髪保護剤	サザンカ油
	ツバキ科植物サザンカの種子から精製した液状オイル。オレイン酸含有量が高くリノール酸含有量が低いため、酸化安定性に優れている。染毛剤、パーマネントウェーブ用剤ともに基剤、毛髪保護剤として配合。	剤のベース/ハリ・コシ	同左	—
サフラワー油		基剤/毛髪保護剤	基剤/毛髪保護剤	サフラワー油
	キク科植物ベニバナの種子から得られた液状オイル。リノール酸、オレイン酸を主体とした脂肪酸組成を持つトリグリセリド。※トリグリセリド＝グリセロール（グリセリン）と3つの脂肪酸がエステル結合（酸とアルコールの間で水が失われて生成する結合）で結びついた物質	剤のベース/ハリ・コシ	同左	—
サボンソウエキス		湿潤剤	湿潤剤	サボンソウ葉/根エキス
	ナデシコ科植物サボンソウの葉から抽出。染毛剤、パーマネントウェーブ用剤ともに湿潤剤として配合。	—	—	—
サラシミツロウ		基剤	基剤	ミツロウ
	ミツバチの巣を溶融させてロウ分を採取し、精製したもの。染毛剤、パーマネントウェーブ用剤ともに基剤として配合。	剤のベース	同左	—
サリチル酸		防腐剤	防腐剤	サリチル酸
	白色の針状結晶または結晶状の粉末で、アルコールや熱湯に溶け、水には溶けにくい成分。雑菌の繁殖を防ぐ。染毛剤、パーマネントウェーブ剤ともに防腐剤として配合。	微生物の繁殖を防ぐ	同左	—
サリチル酸2-エチルヘキシル		毛髪保護剤	紫外線吸収剤	サリチル酸エチルヘキシル
	無色〜微黄色の液体で油溶性。染毛剤では毛髪保護剤、パーマネントウェーブ用剤では紫外線吸収剤として配合。	ハリ・コシ・ツヤ・コーティング	—	—
サリチル酸ナトリウム		防腐剤	防腐剤	サリチル酸Na
	白色の針状結晶または結晶性の粉末を化学的に安定させたもの。雑菌の繁殖を防ぐ。染毛剤、パーマネントウェーブ剤ともに防腐剤として配合。	微生物の繁殖を防ぐ	同左	—
サンザシエキス		湿潤剤	湿潤剤	サンザシエキス
	バラ科植物サンザシまたはセイヨウサンザシの果実をエキス化したもの。染毛剤、パーマネントウェーブ用剤ともに湿潤剤として配合。	—	—	—

医薬部外品表示名称	染毛剤	パーマネントウェーブ用剤	化粧品表示名称(参考)
サンショウエキス	湿潤剤	湿潤剤	サンショウ果皮エキス
ミカン科植物サンショウの果皮から抽出。精油成分サンショオールやタンニンなどを含む。染毛剤、パーマネントウェーブ用剤ともに湿潤剤として配合。	—	—	—
シア脂	毛髪保護剤	毛髪保護剤	シア脂
中央アフリカに自生するアカテツ科植物シアの果実から得られるオイル。水分保持効果の持続性に優れる。シアバターとも呼ばれる。染毛剤、パーマネントウェーブ用剤ともに毛髪保護剤として配合。	ハリ・コシ・ツヤ・コーティング	同左	—
ジイソステアリン酸ポリグリセリル	乳化剤	乳化剤	ジイソステアリン酸ポリグリセリル-2
グリセリンが2つつながったところにイソステアリン酸を2つ結合させた構造を持つ、液状の油性成分。染毛剤、パーマネントウェーブ用剤ともに乳化剤として配合。	混ざらないものを化学的安定に混ぜる	同左	—
ジイソプロパノールアミン	アルカリ剤/pH調整剤	アルカリ剤/pH調整剤	DIPA
石鹸の乳化において中和剤の役割を果たす。染毛剤、パーマネントウェーブ用剤ともにアルカリ剤、pH調整剤として配合。	—	—	—
シイタケエキス	湿潤剤	湿潤剤	シイタケエキス
マツタケ科植物シイタケの子実体から抽出。成分としてエルゴステロール、アミノ酸類、ビタミン類を含む。染毛剤、パーマネントウェーブ用剤ともに湿潤剤として配合。	—	—	—
ジエタノールアミン	アルカリ剤/pH調整剤	アルカリ剤/pH調整剤	DEA
石鹸やシャンプー、リンスなどに用いられる中和剤。染毛剤、パーマネントウェーブ用剤ともにアルカリ剤、pH調整剤として配合。	—	—	—
ジエチレングリコール	溶剤	溶剤	ジエチレングリコール
エチレン-グリコールを合成する際に副生成物として得られる粘性のある液体。無臭。染毛剤、パーマネントウェーブ用剤ともに溶剤として配合。ポリエステル樹脂の原料や不凍液などにも用いられる。	固体や液体を溶かす	同左	—
ジエチレングリコールモノエチルエーテル	溶剤	溶剤	エトキシジグリコール
高沸点溶剤（沸点150℃〜200℃）に分類される有機溶剤。染毛剤、パーマネントウェーブ用剤ともに溶剤として配合。			

医薬部外品表示名称	染毛剤	パーマネントウェーブ用剤	化粧品表示名称（参考）
ジエチレントリアミン五酢酸 水溶液中の金属イオンを除去する。泡立ち・起泡性をよくする働きがある。染毛剤、パーマネントウェーブ用剤ともに金属封鎖剤として配合。	金属封鎖剤 —	金属封鎖剤 —	ペンテト酸 —
ジエチレントリアミン五酢酸五ナトリウム 金属イオンにより性能や品質が低下する製品に配合される。パーマネントウェーブ用剤において、金属封鎖剤として配合。	#N/A —	金属封鎖剤 —	ペンテト酸5Na —
ジエチレントリアミン五酢酸五ナトリウム液 ジエチレントリアミン五酢酸五ナトリウムを液状にしたもの。染毛剤、パーマネントウェーブ用剤ともに金属封鎖剤として配合。	金属封鎖剤 —	金属封鎖剤 —	ペンテト酸5Na —
ジオウエキス ゴマノハグサ科植物アカヤジオウから抽出。成分としてイリドイド配糖体、マンニトールなどの糖類を含む。染毛剤、パーマネントウェーブ用剤ともに湿潤剤として配合。	湿潤剤 —	湿潤剤 —	アカヤジオウ根エキス —
ジオレイン酸ポリエチレングリコール 合成界面活性剤。合成ポリマー。オレイン酸は脂肪酸。染毛剤、パーマネントウェーブ用剤ともに乳化剤として配合。	乳化剤 混ざらないものを化学的安定に混ぜる	乳化剤 同左	ジオレイン酸PEG-●● （●●に数字が入る） —
ジカプリン酸ネオペンチルグリコール カプリン酸とネオペンチルグリコールのジエステル（化合物の一種）で、低粘度の無色透明の液状オイル。染毛剤、パーマネントウェーブ用剤ともに基剤として配合。	基剤 剤のベース	基剤 同左	ジカプリン酸ネオペンチルグリコール —
ジグリセリン 2個のグリセリンを脱水縮合で結合させた無色透明な粘性のある液体。少量のグリセリンやポリグリセリンを含む。染毛剤、パーマネントウェーブ用剤ともに湿潤剤として配合。	湿潤剤 —	湿潤剤 —	ジグリセリン —
シコンエキス ムラサキ科植物ムラサキの根から抽出。染毛剤、パーマネントウェーブ用剤ともに湿潤剤として配合。	湿潤剤 —	湿潤剤 —	ムラサキ根エキス —

医薬部外品表示名称	染毛剤	パーマネントウェーブ用剤	化粧品表示名称(参考)
ジステアリン酸エチレングリコール エチレングリコールとステアリン酸のジエステル（化合物の一種）で、白色～微黄色の粉末または粒子状の原料。染毛剤、パーマネントウェーブ用剤ともに、懸濁剤として配合。	懸濁剤 ―	懸濁剤 ―	ジステアリン酸グリコール ―
ジステアリン酸ジエチレングリコール 界面活性剤。合成ポリマー。ステアリン酸は脂肪酸。染毛剤、パーマネントウェーブ用剤ともに乳化剤として配合。	乳化剤 混ざらないものを化学的安定に混ぜる	乳化剤 同左	ジステアリン酸PEG-●● （●●に数字が入る） ―
ジステアリン酸ポリエチレングリコール（1） 界面活性剤。合成ポリマー。ステアリン酸は脂肪酸。染毛剤、パーマネントウェーブ用剤ともに増粘剤として配合。	増粘剤 とろみ	増粘剤 同左	ジステアリン酸PEG-●● （●●に数字が入る） ―
ジステアリン酸ポリグリセリル 界面活性剤。ステアリン酸は脂肪酸。加脂剤。ポリグリセリンは複数のグリセリン分子を脱水縮合したもの。染毛剤、パーマネントウェーブ用剤ともに乳化剤として配合。	乳化剤 混ざらないものを化学的安定に混ぜる	乳化剤 同左	ジステアリン酸ポリグリセリル-●● （●●に数字が入る） ―
シソエキス（1） シソ科植物シソまたは近縁の植物の葉、茎などから得られ、アルコール類で抽出したエキス。成分としてペリラアルデヒドやリモネンなどの精油成分を多く含む。パーマネントウェーブ用剤において、湿潤剤として配合。	#N/A ―	湿潤剤 ―	シソエキス ―
シソエキス（2） シソ科植物シソまたは近縁の植物の葉、茎などから得られ、水で抽出したエキス。成分としてペリラアルデヒドやリモネンなどの精油成分を多く含む。パーマネントウェーブ用剤において、湿潤剤として配合。	#N/A ―	湿潤剤 ―	シソエキス ―
ジチオジグリコール酸 パーマネントウエーブの還元剤。分子量が小さいため毛髪内部に浸透しやすいが、ジチオジグリコール酸のみでは酸性が強すぎるため、アンモニアなどのアルカリで中和した状態で使用する。	#N/A ―	反応調整剤 作用を穏やかにする	― ―
ジチオジグリコール酸ジアンモニウム液 パーマネントウエーブの還元剤。ジチオジグリコール酸をアンモニアで中和したもの。	#N/A 	反応調整剤 作用を穏やかにする	ジチオジグリコール酸ジアンモニウム ―

医薬部外品表示名称		染毛剤	パーマネントウェーブ用剤	化粧品表示名称（参考）
シナノキエキス	シナノキ科植物シナノキの葉、花から抽出。成分としてタンニン、フラボノイド、ファルネソールなどを含む。染毛剤、パーマネントウェーブ用剤ともに湿潤剤として配合。	湿潤剤 —	湿潤剤 —	シナノキエキスまたはフユボダイジュエキス
ジパルミチン酸アスコルビル	化学的に不安定なアスコルビン酸を安定化させるため、パルチミン酸とのエステル（化合物の一種）として安定性を高めたもの。染毛剤、パーマネントウェーブ用剤ともに安定剤として配合。	安定剤 —	安定剤 —	ジパルミチン酸アスコルビル —
ジヒドロキシエチルラウリルアミンオキシド液	界面活性剤。低刺激性で増粘性を有する。染毛剤、パーマネントウェーブ用剤ともに起泡剤として配合。	起泡剤 —	起泡剤 —	ジヒドロキシエチルラウラミンオキシド
ジヒドロキシジメトキシベンゾフェノン	水にはほとんど溶けず、アルコールやオイルに溶ける性質の原料。染毛剤では毛髪保護剤、パーマネントウェーブ用剤では紫外線吸収剤として配合。紫外線吸収剤（UV-A、B）。	毛髪保護剤 ハリ・コシ・ツヤ・コーティング	紫外線吸収剤 —	オキシベンゾン-6 —
ジヒドロキシジメトキシベンゾフェノンジスルホン酸ナトリウム	水にはほとんど溶けず、アルコールやオイルに溶ける性質の原料。染毛剤では毛髪保護剤、パーマネントウェーブ用剤では紫外線吸収剤として配合。紫外線吸収剤（UV-A）。	毛髪保護剤 ハリ・コシ・ツヤ・コーティング	紫外線吸収剤 —	オキシベンゾン-9 —
ジヒドロキシベンゾフェノン	水にはほとんど溶けず、アルコールやオイルに溶ける性質の原料。染毛剤では毛髪保護剤、パーマネントウェーブ用剤では紫外線吸収剤として配合。紫外線吸収剤（UV-B）。	毛髪保護剤 ハリ・コシ・ツヤ・コーティング	紫外線吸収剤 —	オキシベンゾン-1 —
ジブチルヒドロキシトルエン	無色～黄褐色の結晶で、水に溶けず、多価アルコール類やオイルに溶ける。染毛剤、パーマネントウェーブ用剤ともに安定剤として配合。	安定剤 —	安定剤 —	BHT —
ジプロピレングリコール	無色透明で粘性のある液体。染毛剤、パーマネントウェーブ用剤ともに、湿潤剤、溶剤として配合。	溶剤 固体や液体を溶かす	溶剤 同左	DPG —

医薬部外品表示名称	染毛剤	パーマネントウェーブ用剤	化粧品表示名称 ※※
ジペンタエリトリット脂肪酸エステル（1） 淡褐色のペースト状の油性成分。美しいツヤと少量の水と混ざり合う抱水性が特徴。染毛剤、パーマネントウェーブ用剤ともに毛髪保護剤として配合。	毛髪保護剤 ハリ・コシ・ツヤ・コーティング	毛髪保護剤 同左	ヘキサ（ヒドロキシステアリン酸/ステアリン酸/ロジン酸）ジペンタエリスリチル
ジメチルエーテル 常温では無色の気体。染毛剤、パーマネントウェーブ用剤ともに、噴射剤として配合。	噴射剤 エアゾール製品を噴出するガス	噴射剤 同左	DME —
ジメチルシロキサン・メチルステアロキシシロキサン共重合体 耐水性と潤滑性に優れる合成ポリマー。染毛剤、パーマネントウェーブ用剤ともに毛髪処理剤、毛髪保護剤として配合。化粧品では親油性増粘剤として使われることもある。	毛髪処理剤/毛髪保護剤 ハリ・コシ・ツヤ・コーティング	毛髪処理剤/毛髪保護剤 同左	（ステアロキシメチコン/ジメチコン）コポリマー —
シモツケソウエキス バラ科植物セイヨウナツユキソウまたはシモツケソウの花から抽出。成分としてサリチル酸配糖体、フラボノイド、タンニンを含む。染毛剤、パーマネントウェーブ用剤ともに湿潤剤として配合。	湿潤剤 —	湿潤剤 —	セイヨウナツユキソウ花エキス —
シャクヤクエキス ボタン科植物シャクヤクの根から抽出。主な成分はペオニフロリン、テルペン類などを含む。染毛剤、パーマネントウェーブ用剤ともに湿潤剤として配合。	湿潤剤 —	湿潤剤 —	シャクヤク根エキス —
スクワラン（シュガースクワラン） イネ科植物サトウキビの糖を発酵して精製した無色透明のオイル。染毛剤において、基剤、毛髪保護剤として配合。	基剤/毛髪保護剤 —	#N/A —	スクワラン —
ショウキョウエキス ショウガ科植物ショウガの根から抽出。成分としてジンゲロール、ショウガオールなどの精油を多く含む。染毛剤、パーマネントウェーブ用剤ともに湿潤剤として配合。	湿潤剤 —	湿潤剤 —	ショウガ根エキス —
ショウキョウチンキ ショウキョウエキスとエタノールの溶液。染毛剤、パーマネントウェーブ用剤ともに湿潤剤として配合。	湿潤剤	湿潤剤	ショウガ根エキス

医薬部外品表示名称		染毛剤	パーマネントウェーブ用剤	化粧品表示名称 (参考)
シラカバエキス		湿潤剤	湿潤剤	シラカバエキス
	カバノキ科植物ヨーロッパシラカバ、または同属の植物の葉、樹皮、木部から抽出。主な成分としてタンニン、サポニン、フラボノイド、ビタミンC。染毛剤、パーマネントウェーブ用剤ともに湿潤剤として配合。	—	—	
シリコーン樹脂		毛髪処理剤/毛髪保護剤	毛髪処理剤/毛髪保護剤	シメチコン
	ジメチコンとケイ酸の混合物。染毛剤、パーマネントウェーブ用剤ともに毛髪処理剤、毛髪保護剤として配合。	ハリ・コシ・ツヤ・コーティング	同左	—
シルク抽出液		湿潤剤/毛髪保護剤	湿潤剤/毛髪保護剤	加水分解シルク
	カイコガの繭から得られる絹繊維を加水分解して得られた水溶液。主成分はグリシンとアラニンのたんぱく質。染毛剤、パーマネントウェーブ用剤ともに湿潤剤、毛髪保護剤として配合。	—	—	
シルク末		湿潤剤/毛髪保護剤	湿潤剤/毛髪保護剤	シルク
	カイコガの繭から得られる絹繊維を粉末化した原料。主成分はフィブロインという繊維状の絹たんぱく質。染毛剤、パーマネントウェーブ用剤ともに湿潤剤、毛髪保護剤として配合。			
スイカズラエキス		湿潤剤	湿潤剤	キンギンカエキス
	スイカズラ科植物スイカヅラの花、葉、茎から抽出したエキス。ルオテリンというフラボノイド、イノシトール、タンニン、サポニンなど含む。染毛剤、パーマネントウェーブ用剤ともに湿潤剤として配合。	—	—	
スギナエキス		湿潤剤	湿潤剤	スギナエキス
	トクサ科植物スギナの全草から抽出したエキス。成分としてエキセトニン、イクソエルセチン、アミノ酸類、有機ケイ素を含む。染毛剤、パーマネントウェーブ用剤ともに湿潤剤として配合。	—	—	
スクワラン		基剤/毛髪保護剤	基剤/毛髪保護剤	スクワラン
	深海ザメの肝臓にある肝油から抽出したスクワレンに、水素を添加して安定化させた無色透明な液体オイル。染毛剤、パーマネントウェーブ用剤ともに基剤、毛髪保護剤として配合。近年は植物性スクワランを配合した製品が増えつつある。	剤のベース/ハリ・コシ	同左	
スクワレン		基剤/毛髪保護剤	基剤/毛髪保護剤	スクワレン
	深海ザメの肝臓に多量に含まれている肝油中に存在。これに水素を添加して安定化させたオイルがスクワランだが、スクワレンも染毛剤、パーマネントウェーブ用剤ともに基剤、毛髪保護剤として配合。	剤のベース/ハリ・コシ	同左	

医薬部外品表示名称	染毛剤	パーマネントウェーブ用剤	化粧品表示名称（参考）
ステアリルアルコール セタノールと共に代表的な高級アルコール。パーム、ヤシなどから得られる。オレイルアルコールに水素を添加して得ることもできる。常温ではロウ状の油性成分で、染毛剤、パーマネントウェーブ用剤ともに基剤として配合。	基剤 剤のベース	基剤 同左	ステアリルアルコール —
ステアリルトリメチルアンモニウムサッカリン液 界面活性剤。染毛剤、パーマネントウェーブ用剤ともに、帯電防止剤として配合。	帯電防止剤 —	帯電防止剤 —	ステアリルトリモニウムサッカリン —
ステアリルベタイン液 界面活性剤。ベタインとは、植物界にある両性イオンの水溶性物質。染毛剤、パーマネントウェーブ用剤ともに起泡剤として配合。	起泡剤 —	起泡剤 —	ステアリルベタイン —
ステアリン酸 高級脂肪酸類。動植物から得られる油脂を分解するか、合成によってつくられる油性成分。染毛剤、パーマネントウェーブ用剤ともに乳化剤として配合。	乳化剤 混ざらないものを化学的安定に混ぜる	乳化剤 同左	ステアリン酸 —
ステアリン酸コレステリル コレステロールとステアリン酸のエステル（化合物の一種）。白色〜淡黄色の結晶性粉末、あるいはロウ状物質。染毛剤、パーマネントウェーブ用剤ともに毛髪保護剤として配合。	毛髪保護剤 ハリ・コシ・ツヤ・コーティング	毛髪保護剤 同左	ステアリン酸コレステリル —
ステアリン酸ジエタノールアミド 界面活性剤。染毛剤、パーマネントウェーブ用剤ともに起泡剤として配合。ジエタノールアミン（DEA）はpH調整剤であり、合成界面活性剤の原料でもある。	起泡剤 —	起泡剤 —	ステアラミドDEA —
ステアリン酸ジエチルアミノエチルアミド 界面活性剤。染毛剤、パーマネントウェーブ用剤ともに乳化剤として配合。	乳化剤 混ざらないものを化学的安定に混ぜる	乳化剤 同左	ステアラミドエチルジエチルアミン —
ステアリン酸ジエチレングリコール 油性成分のステアリン酸に、水性成分のポリエチレングリコールをつなぎ合わせた界面活性剤。染毛剤、パーマネントウェーブ用剤ともに乳化剤として配合。	乳化剤 混ざらないものを化学的安定に混ぜる	乳化剤 同左	ステアリン酸PEG-2 —

医薬部外品表示名称	染毛剤	パーマネントウェーブ用剤	化粧品表示名称 (参考)
ステアリン酸ナトリウム	賦形剤	賦形剤	ステアリン酸Na
高級脂肪酸と水酸化ナトリウムの中和反応、もしくは油脂を水酸化ナトリウムで加水分解してつくられる界面活性剤。一般に「石鹸」と呼ばれる成分。染毛剤、パーマネントウェーブ用剤ともに、賦形剤として配合。	増量・希釈	同左	—
ステアリン酸モノエタノールアミド	起泡剤	起泡剤	ステアラミドMEA
界面活性剤。染毛剤、パーマネントウェーブ用剤ともに起泡剤として配合。化粧品では油性クリームの乳化安定剤、ワックスの乳化剤、顔料・染料の分散剤などにも用いられている。	—	—	—
ストロベリー果汁	湿潤剤	湿潤剤	イチゴ果汁
バラ科植物イチゴの果実から精製。染毛剤、パーマネントウェーブ用剤ともに湿潤剤として配合。	—	—	—
セイヨウキズタエキス	湿潤剤	湿潤剤	セイヨウキズタ葉/茎エキス
ウコギ科植物セイヨウキズタの茎、葉から抽出。成分としてヘデリンというサポニンやルチンを含む。染毛剤、パーマネントウェーブ用剤ともに湿潤剤として配合。	—	—	—
セイヨウニワトコエキス	湿潤剤	湿潤剤	セイヨウニワトコ花エキス
スイカズラ科植物セイヨウニワトコの花などから抽出。成分として糖類、フラボノイド、タンニン、シトステロールなどを含む。染毛剤、パーマネントウェーブ用剤ともに湿潤剤として配合。	—	—	—
セイヨウネズエキス	湿潤剤	湿潤剤	セイヨウネズ果実エキス
ヒノキ科植物セイヨウネズの果実から抽出。染毛剤、パーマネントウェーブ用剤ともに湿潤剤として配合。	—	—	—
セイヨウノコギリソウエキス	湿潤剤	湿潤剤	セイヨウノコギリソウエキス
キク科植物セイヨウノコギリソウの全草から抽出。成分としてアズレン、ピネン、リモネン、カンファーなどを含む。染毛剤、パーマネントウェーブ用剤ともに湿潤剤として配合。	—	—	—
セイヨウハッカエキス	湿潤剤	湿潤剤	セイヨウハッカ葉エキス
シソ科植物セイヨウハッカの葉から抽出。成分としてメントール、メントンなどの精油とタンニン、苦味質を含む。染毛剤、パーマネントウェーブ用剤ともに湿潤剤として配合。	—	—	—

医薬部外品表示名称	染毛剤	パーマネントウエーブ用剤	化粧品表示名称 (参考)
セージエキス	湿潤剤	湿潤剤	セージ葉エキス
シソ科植物サルビアの葉から得られるエキス。成分として精油成分、フラボノイド、タンニンを多く含む。染毛剤、パーマネントウェーブ用剤ともに湿潤剤として配合。	—	—	—
セージ末	湿潤剤	湿潤剤	セージ
シソ科植物サルビアの葉から得られる粉末。成分として精油成分、フラボノイド、タンニンを多く含む。染毛剤、パーマネントウェーブ用剤ともに湿潤剤として配合。	—	—	—
セスキオレイン酸ソルビタン	乳化剤	乳化剤	セスキオレイン酸ソルビタン
油性成分の高級脂肪酸オレイン酸と、糖類の一種で水性成分のソルビトールをつなぎ合わせた界面活性剤。染毛剤、パーマネントウエーブ用剤ともに乳化剤として配合。	混ざらないものを化学的安定に混ぜる	同左	—
セスキステアリン酸ソルビタン	乳化剤	乳化剤	セスキステアリン酸ソルビタン
油性成分の高級脂肪酸ステアリン酸と、糖類の一種で水性成分のソルビトールをつなぎ合わせた界面活性剤。染毛剤、パーマネントウエーブ用剤ともに乳化剤として配合。	混ざらないものを化学的安定に混ぜる	同左	—
セタノール	基剤	基剤	セタノール
パーム油等から還元反応をさせてつくり出す、白色薄黄色のロウ状の固形状オイル。染毛剤、パーマネントウェーブ用剤ともに基剤として配合。	剤のベース	同左	—
セチルトリメチルアンモニウムサッカリン液	防腐剤	防腐剤	セトリモニウムサッカリン
界面活性剤。染毛剤、パーマネントウェーブ剤ともに防腐剤として配合。	微生物の繁殖を防ぐ	同左	—
セトステアリルアルコール	基剤	基剤	セテアリルアルコール
常温ではロウ状の油性成分。染毛剤、パーマネントウェーブ用剤ともに基剤として配合。	剤のベース	同左	—
ゼニアオイエキス	湿潤剤	湿潤剤	ゼニアオイ花エキス
アオイ科植物ゼニアオイの花から抽出。成分的には粘液質の多糖類、タンニン、アントシアン系の色素を含む。染毛剤、パーマネントウェーブ用剤ともに湿潤剤として配合。ウスベニアオイともいう。	—	—	—

医薬部外品表示名称	染毛剤	パーマネントウエーブ用剤	化粧品表示名称 ※※
セラック	毛髪保護剤	毛髪保護剤	セラック
東南アジア等に分布する、ラックカイガラムシ科の昆虫ラックカイガラムシが樹液を吸った分泌物を精製したもの。染毛剤、パーマネントウェーブ用剤ともに毛髪保護剤として配合。皮膜形成剤として、ヘアスプレーなどにも使用される。	ハリ・コシ・ツヤ・コーティング	同左	—
セリサイト	着色剤	着色剤	マイカ
原石である白雲母、金雲母を粉砕して得られた、含水ケイ酸アルミニウムカリウムを主体とする板状粉体。表面がすべすべした性質がある。染毛剤、パーマネントウェーブ用剤ともに着色剤として配合。	—	—	—
セロリエキス	湿潤剤	湿潤剤	セロリエキス
セリ科植物セロリの地上部から抽出。染毛剤、パーマネントウェーブ用剤ともに湿潤剤として配合。	—	—	—
センキュウエキス	湿潤剤	湿潤剤	センキュウ根茎エキス
セリ科植物センキュウの根、茎から抽出。染毛剤、パーマネントウェーブ用剤ともに湿潤剤として配合。	—	—	—
センブリエキス	湿潤剤	湿潤剤	センブリエキス
リンドウ科植物センブリの全草から抽出。皮膚などの末梢血管の運動を高め血行を促進。染毛剤、パーマネントウェーブ用剤ともに湿潤剤として配合。	—	—	—
ソルビタン脂肪酸エステル	乳化剤	乳化剤	ソルビタン脂肪酸エステル
界面活性剤。染毛剤、パーマネントウェーブ用剤ともに乳化剤として配合。ソルビタンとは、植物のソルビトールを分子内脱水したもので、合成界面活性剤の原料として知られている。	混ざらないものを化学的安定に混ぜる	同左	—
ソルビット	湿潤剤	湿潤剤	ソルビトール
甘味を持つ無色の結晶。水とゆるく結合して水の蒸発を抑制する保湿効果に特に優れている。染毛剤、パーマネントウェーブ用剤ともに湿潤剤として配合。	—	—	—
ソルビット液	湿潤剤	湿潤剤	ソルビトール
液状のソルビット。染毛剤、パーマネントウェーブ用剤ともに湿潤剤として配合。	—	—	—

ア行
カ行
サ行
タ行
ナ行
ハ行
マ行
ヤ行
ラ行
ワ行
漢字
英字
数字

医薬部外品表示名称	染毛剤	パーマネントウェーブ用剤	化粧品表示名称 (参考)
ソルビン酸 天然ではバラ科植物ナナカマドの果実に存在。染毛剤、パーマネントウェーブ剤ともに防腐剤として配合。	防腐剤 微生物の繁殖を防ぐ	防腐剤 同左	ソルビン酸 —
ソルビン酸カリウム ソルビン酸とカリウムの化合物。日本で使用が許可されている防腐剤の1つ。染毛剤、パーマネントウェーブ剤ともに防腐剤として配合。	防腐剤 微生物の繁殖を防ぐ	防腐剤 同左	ソルビン酸K —
タイソウエキス クロウメモドキ科植物ナツメの未成熟果実を乾燥させてから抽出。成分として糖類、有機酸類、サポニンなど。染毛剤、パーマネントウェーブ用剤ともに湿潤剤として配合。	湿潤剤 —	湿潤剤 —	タイソウエキス —
タイムエキス(1) シソ科植物ワイルドタイムの全草から抽出。フラボノイド、タンニン、チノールなどを含む。染毛剤、パーマネントウェーブ用剤ともに湿潤剤として配合。	湿潤剤 —	湿潤剤 —	ワイルドタイムエキス —
タイムエキス(2) シソ科植物タチジャコウソウ（タイム）の地上部から水、エタノール、グリコール類などにより抽出。成分はテルペン系の精油、サポニン類を含む。染毛剤、パーマネントウェーブ用剤ともに湿潤剤として配合。	湿潤剤 —	湿潤剤 —	タチジャコウソウ花/葉/茎エキス —
タウリン 生体内に含まれる含硫アミノ酸の一種。システインから生成される。染毛剤、パーマネントウェーブ用剤ともに湿潤剤、毛髪保護剤として配合。	湿潤剤/毛髪保護剤 ハリ・コシ・ツヤ・コーティング	湿潤剤/毛髪保護剤 同左	タウリン —
タンニン酸 ポリフェノール性の化合物。黄白色〜薄褐色の粉末またはフレーク状の固まりで、アルコールやアセトンに溶けやすい。染毛剤において、安定剤として配合。	安定剤 —	#N/A	タンニン酸 —
チオグリコール酸 クロロ酢酸と硫化水素ナトリウムからつくられる液体。強い刺激臭がある。アンモニア水で中和したものをパーマネントウエーブ剤（還元剤）として使用。染毛剤、パーマネントウェーブ用剤ともに安定剤として配合。	安定剤 —	安定剤 —	チオグリコール酸 —

医薬部外品表示名称	染毛剤	パーマネントウエーブ用剤	化粧品表示名称(※※)
チオグリコール酸アンモニウム液	安定剤	安定剤	チオグリコール酸アンモニウム
チオグリコール酸をアンモニア水で中和したもの。パーマネントウエーブ剤（還元剤）として使用する。染毛剤、パーマネントウェーブ用剤ともに安定剤として配合。	—	—	—
チオグリコール酸モノエタノールアミン液	#N/A	安定剤	チオグリコール酸MEA
チオグリコール酸をモノエタノールアミンで中和したもの。パーマネントウェーブ液（還元剤）として使用する。	—	—	—
チャエキス（1）	#N/A	湿潤剤	チャ葉エキス
ツバキ科植物チャの葉から抽出。成分として多量のタンニン、カフェイン、アミノ酸、テアニン、ビタミンCなどを含む。パーマネントウェーブ用剤において、湿潤剤として配合。	—	—	—
チャエキス（2）	#N/A	湿潤剤	チャ葉エキス
ツバキ科植物チャの葉から抽出。成分として多量のタンニン、カフェイン、アミノ酸、テアニン、ビタミンCなどを含む。パーマネントウェーブ用剤において、湿潤剤として配合。	—	—	—
チャ乾留液	#N/A	湿潤剤	チャ乾留液
ツバキ科植物チャノキの葉から抽出。パーマネントウェーブ用剤において、湿潤剤として配合。	—	—	—
チョウジ油	基剤/毛髪保護剤	基剤/毛髪保護剤	チョウジ花油
フトモモ科植物チョウジノキの開花直前の蕾を乾燥させたものから、エタノール溶液で抽出。染毛剤、パーマネントウェーブ用剤ともに基剤、毛髪保護剤として配合。	剤のベース/ハリ・コシ	同左	—
チンピエキス	湿潤剤	湿潤剤	ウンシュウミカン果皮エキス
ミカン科植物ミカンの果皮から抽出。染毛剤、パーマネントウェーブ用剤ともに湿潤剤として配合。	—	—	—
ツバキ油	基剤/毛髪保護剤	基剤/毛髪保護剤	ツバキ種子油
ツバキ科植物ツバキの種子から得られる油性成分。肌や毛髪へのなじみがよく、適度なツヤがある。染毛剤、パーマネントウェーブ用剤ともに基剤、毛髪保護剤として配合。	剤のベース/ハリ・コシ	同左	—

医薬部外品表示名称	染毛剤	パーマネントウエーブ用剤	化粧品表示名称 (参考)
デカオレイン酸ポリグリセリル	乳化剤/湿潤剤	乳化剤/湿潤剤	デカオレイン酸ポリグリセリル-●● （●●には数字が入る）
界面活性剤。合成ポリマー。淡黄色〜黄色で粘性の液体。染毛剤、パーマネントウェーブ用剤ともに乳化剤、湿潤剤として配合。	混ざらないものを化学的安定に混ぜる	同左	—
デカメチルシクロペンタシロキサン	毛髪処理剤/毛髪保護剤	毛髪処理剤/毛髪保護剤	シクロペンタシロキサン
揮発性のある液体。シリコーン系被膜形成成分を溶かし、揮発することにより被膜形成を助ける。染毛剤、パーマネントウェーブ用剤ともに毛髪処理剤、毛髪保護剤として配合。	ハリ・コシ・ツヤ・コーティング	同左	—
デキストリン	増粘剤	増粘剤	デキストリン
デンプンを加水分解してマルチトースになるまでの中間生成物で、白色の粉末または顆粒状。熱湯に溶けやすいが水にはやや溶けにくく、エタノールには溶けない。染毛剤、パーマネントウェーブ用剤ともに増粘剤として配合。	とろみ	同左	—
テトラ2-エチルヘキサン酸ジグリセロールソルビタン	乳化剤	乳化剤	テトラエチルヘキサン酸ポリグリセリル-2ソルビタン
ソルビトールとジグリセリンのエーテル化合物と、2-エチルヘキサン酸とのエステル。染毛剤、パーマネントウェーブ用剤ともに乳化剤として配合。	混ざらないものを化学的安定に混ぜる	同左	—
テトラ2-エチルヘキサン酸ペンタエリトリット	基剤	基剤	テトラエチルヘキサン酸ペンタエリスリチル
比重が水に近いので油が浮きにくく、乳化物にしやすいエステル油。化学的にも微生物学的にも安定しており油性感が少ない。染毛剤、パーマネントウェーブ用剤ともに基剤として配合。	剤のベース	同左	—
テトラオレイン酸ポリオキシエチレンソルビット	乳化剤	乳化剤	テトラオレイン酸ソルベス-●● （●●には数字が入る）
油によく溶ける界面活性剤。染毛剤、パーマネントウェーブ用剤ともに乳化剤として配合。	混ざらないものを化学的安定に混ぜる	同左	—
テトラデセンスルホン酸ナトリウム	起泡剤/乳化剤	起泡剤/乳化剤	オレフィン（C14-16）スルホン酸Na
低刺激性で泡立ちがよく、生分解性も良好な界面活性剤。染毛剤、パーマネントウェーブ用剤ともに起泡剤、乳化剤として配合。	—	—	—
テトラデセンスルホン酸ナトリウム液	起泡剤/乳化剤	起泡剤/乳化剤	オレフィン（C14-16）スルホン酸Na
低刺激性で泡立ちがよく、生分解性も良好な界面活性剤。テトラデセンスルホン酸ナトリウムを水溶液にしたもの。染毛剤、パーマネントウェーブ用剤ともに起泡剤、乳化剤として配合。	—	—	—

医薬部外品表示名称	染毛剤	パーマネントウェーブ用剤	化粧品表示名称（参考）
テトラヒドロキシベンゾフェノン	毛髪保護剤	紫外線吸収剤	オキシベンゾン-2
水にはほとんど溶けず、アルコールやオイルに溶ける性質の原料。染毛剤では毛髪保護剤、パーマネントウェーブ用剤では紫外線吸収剤として配合。	ハリ・コシ・ツヤ・コーティング		
テトラメチルトリヒドロキシヘキサデカン	毛髪保護剤	毛髪保護剤	フィタントリオール
多価アルコール類（アルコールの一種）。染毛剤、パーマネントウェーブ用剤ともに毛髪保護剤として配合。	ハリ・コシ・ツヤ・コーティング	同左	—
デヒドロ酢酸	防腐剤	防腐剤	デヒドロ酢酸
白色の結晶性粉末。染毛剤、パーマネントウェーブ剤ともに防腐剤として配合。食品防腐剤としても広く使われている。	微生物の繁殖を防ぐ	同左	—
デヒドロ酢酸ナトリウム	防腐剤	防腐剤	デヒドロ酢酸Na
デヒドロ酢酸のナトリウム塩で、白色の結晶性粉末。殺菌作用はなく、微生物の発育を抑制する制菌効果がある。染毛剤、パーマネントウェーブ剤ともに防腐剤として配合。	微生物の繁殖を防ぐ	同左	—
テレビン油	基剤/毛髪保護剤	基剤/毛髪保護剤	テレビン油
マツ科植物（アカマツ、クロマツなど）の幹から採取した樹脂を蒸留、精製して得られる精油。染毛剤、パーマネントウェーブ用剤ともに基剤、毛髪保護剤として配合。	剤のベース/ハリ・コシ	同左	—
トウガラシチンキ	湿潤剤	湿潤剤	トウガラシエキス
トウガラシからつくられたチンキ剤（生薬でアルコールで溶かしたもの）。染毛剤、パーマネントウェーブ用剤ともに湿潤剤として配合。	—	—	—
トウキエキス（1）	湿潤剤	湿潤剤	トウキ根エキス
セリ科植物トウキの根から抽出。成分的にはクマリンなどの精油、アンジェル酸、アミノ酸などを含む。染毛剤、パーマネントウェーブ用剤ともに湿潤剤として配合。	—	—	—
トウキンセンカエキス	湿潤剤	湿潤剤	トウキンセンカ花エキス
キク科植物トウキンセンカの花から抽出したエキス。成分としてカロチノイド、フラボノイド、サポニン、トリテルペノイドを含む。染毛剤、パーマネントウェーブ用剤ともに湿潤剤として配合。	—	—	—

医薬部外品表示名称	染毛剤	パーマネントウエーブ用剤	化粧品表示名称（参考）
トウキンセンカ末 キク科植物トウキンセンカから抽出。成分としてカロチノイド、フラボノイド、サポニン、トリペルペノイドを含む。パーマネントウェーブ用剤において、湿潤剤として配合。	#N/A — 	湿潤剤 — 	トウキンセンカ —
トウニンエキス バラ科植物モモの種子から水、エタノール、1,3-ブチレングリコールなどで抽出して精製されたエキス。成分として精油や糖類を含む。染毛剤、パーマネントウェーブ用剤ともに湿潤剤として配合。	湿潤剤 — 	湿潤剤 — 	トウニンエキス —
トウヒエキス ミカン科植物ダイダイの熟成した果皮から抽出、精製。染毛剤、パーマネントウェーブ用剤ともに湿潤剤として配合。	湿潤剤 — 	湿潤剤 — 	トウヒエキス —
トウモロコシデンプン イネ科植物トウモロコシの種子の胚乳から得られるデンプン。白色の粉末またはかたまり状。染毛剤、パーマネントウェーブ用剤ともに湿潤剤として配合。	湿潤剤	湿潤剤	コーンスターチ
トウモロコシ穂軸粒 イネ科植物トウモロコシの穂軸（芯）を粒状にしたもの。染毛剤、パーマネントウェーブ用剤ともに湿潤剤として配合。	湿潤剤 — 	湿潤剤 — 	トウモロコシ穂軸 —
トウモロコシ油 イネ科植物トウモロコシの種子から分離した胚芽から得られる脂肪油。染毛剤、パーマネントウェーブ用剤ともに基剤、毛髪保護剤として配合。	基剤/毛髪保護剤 剤のベース/ハリ・コシ	基剤/毛髪保護剤 同左	コーン油 —
ドクダミエキス ドクダミ科植物ドクダミの葉、茎から抽出。成分として精油やクエルシトリンを含み、特異な匂いがある。染毛剤、パーマネントウェーブ用剤ともに湿潤剤として配合。	湿潤剤 — 	湿潤剤 — 	ドクダミエキス —
トコフェロール 黄色〜黄褐色のやや粘性のある液体。水にほとんど溶けず、アルコールやオイルに溶ける。染毛剤、パーマネントウェーブ用剤ともに安定剤として配合。	安定剤 — 	安定剤 — 	トコフェロール —

医薬部外品表示名称	染毛剤	パーマネントウェーブ用剤	化粧品表示名称 (参考)
トコフェロール酢酸エステル トコフェロールと酢酸の化合物。薬剤の酸化等を防ぐ目的で、染毛剤にのみ0.5%以下の配合が認められている。	安定剤 —	#N/A —	— —
トサカ抽出液 ニワトリのトサカをたんぱく分解酵素で加水分解して得た、ヒアルロン酸を含む、酸性のムコ多糖類溶液。無色透明〜淡黄色の液体。高粘性、高保水性が特徴で、染毛剤、パーマネントウェーブ用剤ともに湿潤剤として配合。	湿潤剤 —	湿潤剤 —	トサカエキス —
トサカ抽出末 ニワトリのトサカをたんぱく分解酵素で加水分解して得たヒアルロン酸を含む、酸性のムコ多糖類溶液を粉体にしたもの。高粘性、高保水性が特徴で、染毛剤、パーマネントウェーブ用剤ともに湿潤剤として配合。	湿潤剤 —	湿潤剤 —	トサカエキス —
トステア (※) 化粧品専用の原料名 (※成分名ではないため注意。特例として掲載)。新しい髪質改善剤。ダメージ毛に対して良好なカール形成・保持力が発揮され、シャンプーやトリートメントに使用することで毛髪に影響を与え、髪のうねりやクセ毛を改善する (注・医薬部外品には使用できない)。	#N/A —	#N/A —	アミノエチルコハク酸ジアンモニウム —
トマトエキス ナス科植物トマトの果実、葉、茎から抽出。成分として多種のビタミン類、有機酸類、カロチン、リコピンを含む。染毛剤、パーマネントウェーブ用剤ともに湿潤剤として配合。	湿潤剤 —	湿潤剤 —	トマト果実/葉/茎エキス —
トリ (カプリル・カプリン酸) グリセリル 高級脂肪酸の一種のカプリル酸とグリセリンのトリエステル。液状の油性成分。天然に存在する油脂と同じ構造。軽い感触でエモリエント効果に優れる。染毛剤、パーマネントウェーブ用剤ともに毛髪保護剤として配合。	毛髪保護剤 ハリ・コシ・ツヤ・コーティング	毛髪保護剤 同左	トリ (カプリル酸/カプリン酸) グリセリル —
トリ (カプリル・カプリン酸) グリセリル・トリステアリン酸グリセリル混合物 トリ (カプリル・カプリン酸) グリセリルと、油剤であるトリステアリン酸グリセリルを混合させた成分。染毛剤、パーマネントウェーブ用剤ともに毛髪保護剤として配合。	毛髪保護剤 ハリ・コシ・ツヤ・コーティング	毛髪保護剤 同左	トリ (カプリル酸/カプリン酸) グリセリル —
トリ2-エチルヘキサン酸グリセリル 2-エチルヘキサン酸とグリセリンのトリグリセリドで、低粘性の液状オイル。染毛剤、パーマネントウェーブ用剤ともに毛髪保護剤として配合。※トリグリセリド＝グリセロール (グリセリン) と3つの脂肪酸がエステル結合 (酸とアルコールの間で水が失われて生成する結合) で結びついた物質	毛髪保護剤 ハリ・コシ・ツヤ・コーティング	毛髪保護剤 同左	トリエチルヘキサノイン —
トリイソステアリン酸グリセリル イソステアリン酸のトリグリセリドで、粘性のある液状オイル。染毛剤、パーマネントウェーブ用剤ともに毛髪保護剤として配合。	毛髪保護剤 ハリ・コシ・ツヤ・コーティング	毛髪保護剤 同左	トリイソステアリン —

医薬部外品表示名称	染毛剤	パーマネントウエーブ用剤	化粧品表示名称 (参考)
トリイソステアリン酸ジグリセリル	乳化剤	乳化剤	トリイソステアリン酸ポリグリセリル-●● (●●には数字が入る)
イソステアリン酸とジグリセリンのトリエステル（化合物の一種）で、粘性の高い液状オイル。染毛剤、パーマネントウェーブ用剤ともに乳化剤として配合。	混ざらないものを化学的安定に混ぜる	同左	—
トリイソステアリン酸ポリオキシエチレングリセリル	乳化剤	乳化剤	トリイソステアリン酸PEG-●●グリセリル (●●には数字が入る)
油性成分の高級脂肪酸と、水性成分のポリエチレングリコールを、グリセリンを間にはさんで一列につなぎ合わせた構造を持つ界面活性剤。染毛剤、パーマネントウェーブ用剤ともに乳化剤として配合。	混ざらないものを化学的安定に混ぜる	同左	—
トリイソステアリン酸ポリオキシエチレン硬化ヒマシ油	乳化剤	乳化剤	トリイソステアリン酸PEG-●●水添ヒマシ油 (●●には数字が入る)
油性成分の高級脂肪酸と、水性成分のポリエチレングリコールを、硬化ヒマシ油を間にはさんで一列につなぎ合わせた構造の界面活性剤。染毛剤、パーマネントウェーブ用剤ともに乳化剤として配合。	混ざらないものを化学的安定に混ぜる	同左	—
トリエタノールアミン	アルカリ剤/pH調整剤	アルカリ剤/pH調整剤	TEA
無色〜薄黄色をした粘性のある液体。吸湿性があり、わずかにアンモニア臭がある。染毛剤、パーマネントウェーブ用剤ともにアルカリ剤、pH調整剤として配合。	—	—	
トリオレイン酸ソルビタン	乳化剤	乳化剤	トリオレイン酸ソルビタン
界面活性剤。オレイン酸と無水ソルビトールのトリエステル。染毛剤、パーマネントウェーブ用剤ともに乳化剤として配合。	混ざらないものを化学的安定に混ぜる	同左	—
トリオレイン酸ポリオキシエチレンソルビタン（20E.O.）	乳化剤	乳化剤	ポリソルベート85
油性成分の高級脂肪酸トリオレイン酸に、水性成分のソルビタン、水溶性成分のポリエチレングリコールをつなぎ合わせた界面活性剤。染毛剤、パーマネントウェーブ用剤ともに乳化剤として配合。	混ざらないものを化学的安定に混ぜる	同左	—
トリステアリン酸ソルビタン	乳化剤	乳化剤	トリステアリン酸ソルビタン
界面活性剤。ステアリン酸と無水ソルビトールのトリエステル。染毛剤、パーマネントウェーブ用剤ともに乳化剤として配合。化粧品では乳化剤のほか、分散剤として配合されることがある。	混ざらないものを化学的安定に混ぜる	同左	—
トリステアリン酸ポリオキシエチレンソルビタン（20E.O.）	乳化剤	乳化剤	ポリソルベート65
油性成分の高級脂肪酸トリステアリン酸に、水性成分のソルビタン、水溶性成分のポリエチレングリコールをつなぎ合わせた界面活性剤。染毛剤、パーマネントウェーブ用剤ともに乳化剤として配合。	混ざらないものを化学的安定に混ぜる	同左	—

医薬部外品表示名称	染毛剤	パーマネントウェーブ用剤	化粧品表示名称 参考
トリポリオキシエチレンアルキル（12〜15）エーテルリン酸（8E.O.） 黄色〜淡褐色の液体またはペースト状。染毛剤、パーマネントウェーブ用剤ともに乳化剤として配合。	乳化剤 混ざらないものを化学的安定に混ぜる	乳化剤 同左	トリ（C12-15）パレス-8リン酸 —
トリメチルグリシン 植物から抽出されるアミノ酸系保湿成分。無色無臭の液体で水溶性に優れている。染毛剤、パーマネントウェーブ用剤ともに湿潤剤、毛髪保護剤として配合。	湿潤剤/毛髪保護剤 ハリ・コシ・ツヤ・コーティング	湿潤剤/毛髪保護剤 同左	ベタイン —
トリメチルシロキシケイ酸 水ガラス（ケイ酸）のナトリウムをトリメチルシリル基に置換して得られたシリコーン化合物。さまざまな溶媒に溶かした状態で供給され、染毛剤、パーマネントウェーブ用剤ともに毛髪処理剤、毛髪保護剤として配合。	毛髪処理剤/毛髪保護剤 ハリ・コシ・ツヤ・コーティング	毛髪処理剤/毛髪保護剤 同左	トリメチルシロキシケイ酸 —
トルエン 無色透明の液体。アルコール類や油類に溶けやすい。染毛剤、パーマネントウェーブ用剤ともに溶剤として配合。	溶剤 固体や液体を溶かす	溶剤 同左	トルエン —
トレハロース液 酵母やきのこ類などに含まれている、自然界に存在する糖を液状にしたもの。水とゆるく結合して水の蒸発を抑制する保湿効果に特に優れている。パーマネントウェーブ用剤において、湿潤剤として配合。	#N/A —	湿潤剤 —	トレハロース —
ナタネ油 アブラナ科植物アブラナの種子から精製。染毛剤、パーマネントウェーブ用剤ともに基剤、毛髪保護剤として配合。	基剤/毛髪保護剤 剤のベース/ハリ・コシ	基剤/毛髪保護剤 同左	アブラナ種子油 —
ニンジンエキス セリ科植物ニンジンの根から抽出。成分としてビタミンAを中心に多種のビタミン類、糖類、サポニン類を含む。染毛剤、パーマネントウェーブ用剤ともに湿潤剤として配合。	湿潤剤 —	湿潤剤 —	オタネニンジン根エキス —
ニンジン末 ウコギ科植物オタネニンジンの根から抽出、精製。成分としてジンセノサイドなどのサポニン類を多く含む。染毛剤、パーマネントウェーブ用剤ともに湿潤剤として配合。	湿潤剤 —	湿潤剤 —	オタネニンジン —

医薬部外品表示名称	染毛剤	パーマネントウェーブ用剤	化粧品表示名称 (参考)
ニンニクエキス ユリ科植物ニンニクの鱗茎から抽出。成分的にはイオウを含むアリシンやスコルジニンなどを含む。染毛剤、パーマネントウェーブ用剤ともに湿潤剤として配合。	湿潤剤 —	湿潤剤 —	ニンニク根エキス —
ノバラエキス バラ科植物カニナバラの果実から抽出。ビタミンC、有機酸などを含む。染毛剤、パーマネントウェーブ用剤ともに湿潤剤として配合。	湿潤剤 —	湿潤剤 —	カニナバラ果実エキス —
パーシック油 バラ科植物モモと、バラ科植物アンズまたはその近縁植物の種子からそれぞれ精製されたオイルの性質は極めて似ており、総称してパーシック油という。染毛剤、パーマネントウェーブ用剤ともに基剤、毛髪保護剤として配合。	基剤/毛髪保護剤 剤のベース/ハリ・コシ	基剤/毛髪保護剤 同左	パーシック油 —
パーム核油 アブラヤシの果実の種子を圧搾して得られる油脂。主成分はラウリン酸。染毛剤、パーマネントウェーブ用剤ともに基剤として配合。	基剤 剤のベース	基剤 同左	パーム核油 —
パーム核油脂肪酸 高級脂肪酸類。パーム核油から得られる脂肪酸。染毛剤、パーマネントウェーブ用剤ともに起泡剤、乳化剤として配合。	起泡剤/乳化剤 混ざらないものを化学的安定に混ぜる	起泡剤/乳化剤 同左	パーム核脂肪酸 —
パーム核油脂肪酸ジエタノールアミド(1) 界面活性剤。DEA(ジエタノールアミド)は脂肪酸と石鹸を形成し、合成界面活性剤の原料となっている。パーマネントウェーブ用剤において、起泡剤として配合。	#N/A —	起泡剤 —	パーム核脂肪酸アミドDEA —
パーム核油脂肪酸ジエタノールアミド(2) 界面活性剤。パーマネントウェーブ用剤において、起泡剤として配合。	#N/A —	起泡剤 —	パーム核脂肪酸アミドDEA(1:2) —
パーム油 アブラヤシの果肉から得られる油。溶ける・固まるの境目の温度(融点)が室温程度のため、適度な硬さが調節できる。染毛剤、パーマネントウェーブ用剤ともに基剤として配合。	基剤 剤のベース	基剤 剤のベース	パーム油 —

医薬部外品表示名称	染毛剤	パーマネントウエーブ用剤	化粧品表示名称(参考)
バクガエキス イネ科植物オオムギの麦芽から抽出。成分として酵素のジアスターゼ、アミノ酸、糖類を含む。染毛剤、パーマネントウェーブ用剤ともに湿潤剤として配合。	湿潤剤 —	湿潤剤 —	バクガエキス —
バクガ液汁 イネ科植物オオムギの麦芽を圧搾して得た液汁。染毛剤、パーマネントウェーブ用剤ともに湿潤剤として配合。	湿潤剤 —	湿潤剤 —	バクガ液汁 —
パセリエキス(2) セリ科植物オランダセリ（パセリ）の葉または根から水、1,3-ブチレングリコールなどで抽出して精製。成分として精油、有機酸、糖類、ビタミン類を含む。染毛剤、パーマネントウェーブ用剤ともに湿潤剤として配合。	湿潤剤 —	湿潤剤 —	パセリエキス —
ハチミツ ミツバチがレンゲソウ、ナタネ、アカシアなどの花の蜜を巣に集めたものを採取、精製した粘性のある液体。成分はフルクトース、グルコースが主体。染毛剤、パーマネントウェーブ用剤ともに湿潤剤、毛髪保護剤として配合。	湿潤剤/毛髪保護剤 ハリ・コシ・ツヤ・コーティング	湿潤剤/毛髪保護剤 同左	ハチミツ —
バチルアルコール 60〜70度で溶ける固形の油性成分。染毛剤、パーマネントウェーブ用剤ともに毛髪保護剤として配合。	毛髪保護剤 ハリ・コシ・ツヤ・コーティング	毛髪保護剤 同左	バチルアルコール —
ハッカ水 シソ科植物ハッカ、その同属植物を水蒸気蒸留して得られる精油の水溶液。染毛剤、パーマネントウェーブ用剤ともに、着香剤として配合。	着香剤 —	着香剤 —	ハッカ水 —
ハッカ油 シソ科植物ハッカ、その同属植物を水蒸気蒸留して得られる精油。成分的にはメントールを50%以上含んでいる。染毛剤、パーマネントウェーブ用剤ともに、着香剤として配合。	着香剤 —	着香剤 —	セイヨウハッカ油またはハッカ油 —
ハトムギ油 イネ科植物ハトムギの種子から得られる油。染毛剤、パーマネントウェーブ用剤ともに基剤、毛髪保護剤として配合。	基剤/毛髪保護剤 剤のベース/ハリ・コシ	基剤/毛髪保護剤 同左	ハトムギ油 —

医薬部外品表示名称	染毛剤	パーマネントウェーブ用剤	化粧品表示名称 参考
バニリン ラン科植物バニラの果実に含まれ、染毛剤、パーマネントウェーブ用剤ともに、着香剤として配合。アイスクリームやタバコなどの嗜好品に広く使われている。	着香剤 ―	着香剤 ―	バニリン ―
パパイヤ末 パパイヤ科植物パパイヤの果実に含まれ、染毛剤、パーマネントウェーブ用剤ともに湿潤剤として配合。	湿潤剤 ―	湿潤剤 ―	パパイヤ ―
ハマメリスエキス マンサク科植物アメリカマンサク（英名:ウイッチヘーゼル）の全草から抽出。成分としてハマメリスタンニン、サポニン、フラボノイドなどを含む。染毛剤、パーマネントウェーブ用剤ともに湿潤剤として配合。	湿潤剤 ―	湿潤剤 ―	ハマメリスエキス ―
ハマメリス水 ハマメリスの小枝、樹皮、葉を蒸留して得られる精油を含む水相を減量化したもの。染毛剤、パーマネントウェーブ用剤ともに湿潤剤として配合。	湿潤剤 ―	湿潤剤 ―	ハマメリス水 ―
ハマメリス末 マンサク科植物アメリカマンサク（英名:ウイッチヘーゼル）の樹皮からつくった粉体。成分としてハマメリスタンニン、サポニン、フラボノイドなどを含む。染毛剤、パーマネントウェーブ用剤ともに湿潤剤として配合。	湿潤剤 ―	湿潤剤 ―	ハマメリス ―
パラオキシ安息香酸イソブチル パラオキシ安息香酸とイソブチノールのエステル。無色または白色の結晶性粉末。さまざまな微生物の繁殖を防ぐ。染毛剤、パーマネントウェーブ剤ともに防腐剤として配合。抗菌作用・やや強。	防腐剤 微生物の繁殖を防ぐ	防腐剤 同左	イソブチルパラベン ―
パラオキシ安息香酸イソプロピル パラヒドロキシ安息香酸のイソプロピルエステル。無色または白色の結晶性粉末。広範囲の微生物の繁殖を防ぐ。染毛剤、パーマネントウェーブ剤ともに防腐剤として配合。抗菌作用・並。	防腐剤 微生物の繁殖を防ぐ	防腐剤 同左	イソプロピルパラベン ―
パラオキシ安息香酸エチル パラヒドロキシ安息香酸のエチルエステル。無色または白色の結晶性粉末。広範囲の微生物の繁殖を防ぐ。染毛剤、パーマネントウェーブ剤ともに防腐剤として配合。抗菌作用・やや弱。	防腐剤 微生物の繁殖を防ぐ	防腐剤 同左	エチルパラベン ―

医薬部外品表示名称	染毛剤	パーマネントウェーブ用剤	化粧品表示名称 (参考)
パラオキシ安息香酸ブチル	防腐剤	防腐剤	ブチルパラベン
パラヒドロキシ安息香酸とブタノールのエステル。無色または白色の結晶性粉末。広範囲の微生物の繁殖を防ぐ。染毛剤、パーマネントウェーブ剤ともに防腐剤として配合。抗菌作用・やや強。	微生物の繁殖を防ぐ	同左	—
パラオキシ安息香酸プロピル	防腐剤	防腐剤	プロピルパラベン
パラヒドロキシ安息香酸とプロパノールのエステル。無色または白色の結晶性粉末。広範囲の微生物の繁殖を防ぐ。染毛剤、パーマネントウェーブ剤ともに防腐剤として配合。抗菌作用・並。	微生物の繁殖を防ぐ	同左	—
パラオキシ安息香酸メチル	防腐剤	防腐剤	メチルパラベン
パラヒドロキシ安息香酸のメチルエステル。無色または白色の結晶性粉末。広範囲の微生物の繁殖を防ぐ。染毛剤、パーマネントウェーブ剤ともに防腐剤として配合。抗菌作用・やや弱。	微生物の繁殖を防ぐ	同左	—
パラフィン	基剤	基剤	パラフィン
石油からさまざまな精製過程を経て得られた固形状のオイル。主成分は飽和炭化水素。染毛剤、パーマネントウェーブ用剤ともに基剤として配合。	剤のベース	同左	—
パラメトキシケイ皮酸 2-エチルヘキシル	毛髪保護剤	紫外線吸収剤	メトキシケイヒ酸エチルヘキシル
油溶性。紫外線B波の吸収効果に優れている。染毛剤では毛髪保護剤、パーマネントウェーブ用剤では紫外線吸収剤として配合。	ハリ・コシ・ツヤ・コーティング		—
パリエタリアエキス	湿潤剤	湿潤剤	パリエタリアエキス
イラクサ科植物パリエタリアの葉と茎から抽出。成分としてタンニンを含む。染毛剤、パーマネントウェーブ用剤ともに湿潤剤として配合。	—	—	—
パルミチン酸 2-エチルヘキシル	基剤	基剤	パルミチン酸エチルヘキシル
高級脂肪酸と高級アルコールを結合させた合成ロウとも呼ばれる液状の油性成分。油っぽい感触が少なくサラッとした感触で、染毛剤、パーマネントウェーブ用剤ともに基剤として配合。	剤のベース	同左	—
パルミチン酸イソプロピル	基剤	基剤	パルミチン酸イソプロピル
低粘性の液状オイル。また他のオイル成分との相溶性もよい。染毛剤、パーマネントウェーブ用剤ともに基剤として配合。	剤のベース	同左	—

医薬部外品表示名称	染毛剤	パーマネントウェーブ用剤	化粧品表示名称 (参考)
パルミチン酸セチル 高級脂肪酸と高級アルコールを結合させた合成ロウとも呼ばれる白色固形の油性成分。染毛剤、パーマネントウェーブ用剤ともに基剤として配合。	基剤 剤のベース	基剤 同左	パルミチン酸セチル —
パルミチン酸レチノール ビタミンA誘導体の1つでとろみのある液体の油性成分。染毛剤、パーマネントウェーブ用剤ともに湿潤剤、毛髪保護剤として配合。	湿潤剤/毛髪保護剤 ハリ・コシ・ツヤ・コーティング	湿潤剤/毛髪保護剤 同左	パルミチン酸レチノール —
パントテニルエチルエーテル 水溶性ビタミン類。染毛剤、パーマネントウェーブ用剤ともに湿潤剤、毛髪保護剤として配合。	湿潤剤/毛髪保護剤 ハリ・コシ・ツヤ・コーティング	湿潤剤/毛髪保護剤 同左	パンテニルエチル —
ヒアルロン酸ナトリウム(1) ニワトリのトサカから、タンパク分解酵素で加水分解したり、弱アルカリで抽出して得られる白色から薄黄色の粉末。ヒアルロン酸分子の中に、非常に多量の水分を含むことができ、保湿成分としての応用が盛んになっている。	湿潤剤 —	湿潤剤 —	ヒアルロン酸Na —
ヒアルロン酸ナトリウム(2) (1)とは生成方法が異なる。発酵法で得たヒアルロン酸のナトリウム塩。	湿潤剤 —	湿潤剤 —	ヒアルロン酸Na —
ヒアルロン酸ナトリウム液 ヒアルロン酸の濃度が(1)(2)の1.0〜1.5%の水溶液。	湿潤剤 —	湿潤剤 —	ヒアルロン酸Na —
ビオチン ビタミンB群の一種で、ビタミンHとも呼ばれる成分。卵黄から抽出されたり、シスチンやフマル酸などから合成。白色結晶性の粉末。染毛剤、パーマネントウェーブ用剤ともに湿潤剤として配合。	湿潤剤 —	湿潤剤 —	ビオチン —
ヒキオコシエキス(1) シソ科植物ヒキオコシの茎、葉から抽出。成分として苦味のあるエンメインを含む。染毛剤、パーマネントウェーブ用剤ともに湿潤剤として配合。	湿潤剤 —	湿潤剤 —	ヒキオコシ葉/茎エキス —

医薬部外品表示名称	染毛剤	パーマネントウェーブ用剤	化粧品表示名称（参考）
ヒキオコシエキス（2） シソ科植物ヒキオコシの茎、葉から抽出。成分として苦味のあるエンメインを含む。染毛剤、パーマネントウェーブ用剤ともに湿潤剤として配合。(1)とは抽出方法が異なる。	湿潤剤 —	湿潤剤 —	エンメイソウエキス —
ビタミンA油 ビタミンAの濃度が高い動物肝臓の油脂、またはビタミンAを植物油に溶かしたもの。染毛剤、パーマネントウェーブ用剤ともに安定剤として配合。	安定剤	安定剤	ビタミンA油
ヒドロキシエタンジホスホン酸液 金属イオンを不活性化させるキレート成分を持っており、染毛剤、パーマネントウェーブ用剤ともに金属封鎖剤として配合。	金属封鎖剤 ミネラルなどを取り込む	金属封鎖剤 同左	エチドロン酸 —
ヒドロキシエタンジホスホン酸四ナトリウム液 金属イオンを不活性化させるキレート成分を持っており、変色防止や沈殿物の発生を防ぐ安定化成分としても配合されている。染毛剤、パーマネントウェーブ用剤ともに金属封鎖剤として配合。	金属封鎖剤 ミネラルなどを取り込む	金属封鎖剤 同左	エチドロン酸4Na —
ヒドロキシエチルエチレンジアミン三酢酸三ナトリウム液 金属イオンを不活性化させるキレート成分を持っており、染毛剤、パーマネントウェーブ用剤ともに金属封鎖剤として配合。化粧品では殺菌防腐剤、酸化防止剤、変色防止、石鹸の透明化、アミノ酸誘導体、脂肪臭除去等の目的で配合されることがある。	金属封鎖剤 ミネラルなどを取り込む	金属封鎖剤 同左	HEDTA-3Na —
ヒドロキシエチルセルロース 植物繊維から得られる多糖や、酢酸セルロースを加水分解してつくられるセルロースに、エチレンオキサイドを結合させることで、水に溶けるようにした高分子化合物。染毛剤、パーマネントウェーブ用剤ともに増粘剤、粘度調整剤として配合。	増粘剤/粘度調整剤 とろみ/硬さ調整	増粘剤/粘度調整剤 同左	ヒドロキシエチルセルロース —
ヒドロキシエチルセルロースジメチルジアリルアンモニウムクロリド 合成ポリマー。水溶性で、染毛剤、パーマネントウェーブ用剤ともに毛髪保護剤として配合。	毛髪保護剤 ハリ・コシ・ツヤ・コーティング	毛髪保護剤 同左	ポリクオタニウム-4 —
ヒドロキシステアリン酸2-エチルヘキシル 適度な重みのある低粘性の油性成分。染毛剤、パーマネントウェーブ用剤ともに湿潤剤、毛髪保護剤として配合。	湿潤剤/毛髪保護剤 ハリ・コシ・ツヤ・コーティング	湿潤剤/毛髪保護剤 同左	ヒドロキシステアリン酸エチルヘキシル —

医薬部外品表示名称	染毛剤	パーマネントウェーブ用剤	化粧品表示名称(参考)
ヒドロキシプロピルキトサン液 多糖類の半合成ポリマー。パーマネントウェーブ用剤に毛髪保護剤として配合。化粧品では帯電防止剤、皮膜形成剤、親水性増粘剤として使われることがある。	#N/A ―	毛髪保護剤 ハリ・コシ・ツヤ・コーティング	ヒドロキシプロピルキトサン ―
ヒドロキシプロピルメチルセルロース 白色の繊維状の粉末。染毛剤、パーマネントウェーブ用剤ともに増粘剤、粘度調整剤として配合。	増粘剤/粘度調整剤 とろみ/硬さ調整	増粘剤/粘度調整剤 同左	ヒドロキシプロピルメチルセルロース ―
ヒドロキシメトキシベンゾフェノンスルホン酸 アルコールやオイルに溶ける性質を持つ。染毛剤では毛髪保護剤、パーマネントウェーブ用剤では紫外線吸収剤として配合。紫外線吸収剤(UV-B)。	毛髪保護剤 ハリ・コシ・ツヤ・コーティング	紫外線吸収剤 ―	オキシベンゾン-4 ―
ヒドロキシメトキシベンゾフェノンスルホン酸(三水塩) 染毛剤では毛髪保護剤、パーマネントウェーブ用剤では紫外線吸収剤として配合。紫外線吸収剤(UV-B)。ヒドロキシメトキシベンゾフェノンスルホン酸に比べて、水に溶けやすい。	毛髪保護剤 ハリ・コシ・ツヤ・コーティング	紫外線吸収剤 	オキシベンゾン-4
ヒドロキシメトキシベンゾフェノンスルホン酸ナトリウム アルコールやオイルに溶ける性質を持つ。染毛剤では毛髪保護剤、パーマネントウェーブ用剤では紫外線吸収剤として配合。紫外線吸収剤(UV-B)。	毛髪保護剤 ハリ・コシ・ツヤ・コーティング	紫外線吸収剤 ―	オキシベンゾン-5
ビニルピロリドン・N，N-ジメチルアミノエチルメタクリル酸共重合体ジエチル硫酸塩液 合成ポリマー。水溶性。コンディショニング性に優れ、染毛剤、パーマネントウェーブ用剤ともに毛髪処理剤、毛髪保護剤として配合。	毛髪処理剤/毛髪保護剤 ハリ・コシ・ツヤ・コーティング	毛髪処理剤/毛髪保護剤 同左	ポリクオタニウム-11 ―
ビニルピロリドン・スチレン共重合体エマルション 水溶性の合成ポリマー。染毛剤、パーマネントウェーブ用剤ともに毛髪処理剤、毛髪保護剤として配合。	毛髪処理剤/毛髪保護剤 ハリ・コシ・ツヤ・コーティング	毛髪処理剤/毛髪保護剤 同左	(スチレン/VP)コポリマー ―
ビニルメチルエーテル・マレイン酸エチル共重合体液 水溶性の合成ポリマー。毛髪処理剤、毛髪保護剤として配合。化粧品では結合剤、皮膜形成剤、ヘアスタイリング剤、親油性増粘剤、表面処理剤などに使われることも。	毛髪処理剤/毛髪保護剤 ハリ・コシ・ツヤ・コーティング	毛髪処理剤/毛髪保護剤 同左	(ビニルメチルエーテル/マレイン酸エチル)コポリマー ―

医薬部外品表示名称	染毛剤	パーマネントウエーブ用剤	化粧品表示名称 (参考)
ビニルメチルエーテル・マレイン酸ブチル共重合体液 水溶性の合成ポリマー。染毛剤、パーマネントウェーブ用剤ともに毛髪処理剤、毛髪保護剤として配合。	毛髪処理剤/毛髪保護剤 ハリ・コシ・ツヤ・コーティング	毛髪処理剤/毛髪保護剤 同左	(ビニルメチルエーテル/マレイン酸ブチル) コポリマー —
ヒノキチオール ヒノキ科植物ヒノキの樹皮などから抽出、精製して得られる精油物質。化学合成によってもつくられている。染毛剤において、着香剤として配合。	着香剤 —	#N/A —	ヒノキチオール —
ピバリン酸イソデシル 油剤。合成香料の原料。染毛剤、パーマネントウェーブ用剤ともに湿潤剤、毛髪保護剤として配合。	湿潤剤/毛髪保護剤 ハリ・コシ・ツヤ・コーティング	湿潤剤/毛髪保護剤 同左	ネオペンタン酸イソデシル —
ビフィズス菌エキス ヒトや動物の腸内にあるビフィズス菌に含まれるアミノ酸、ミネラル、ビタミンなどを抽出し、培養した水溶液。ビフィズス菌培養物ともいう。染毛剤、パーマネントウェーブ用剤ともに基剤として配合。	湿潤剤 —	湿潤剤 —	ビフィズス菌発酵エキス —
ヒマシ油 トウダイグサ科植物トウゴマの種子を圧搾して得られる、粘性のある液状オイル。染毛剤、パーマネントウェーブ用剤ともに基剤、毛髪保護剤として配合。	基剤/毛髪保護剤 剤のベース/ハリ・コシ	基剤/毛髪保護剤 同左	ヒマシ油 —
ヒマワリ油(1) キク科植物ヒマワリの種子から得られる液状オイル。染毛剤、パーマネントウェーブ用剤ともに基剤、毛髪保護剤として配合。	基剤/毛髪保護剤 剤のベース/ハリ・コシ	基剤/毛髪保護剤 同左	ヒマワリ種子油 —
ピロガロール 有機化合物。没食子酸 (もっしょくしさん) を熱して得られる白色針状の結晶。染毛剤の防腐剤として配合。	防腐剤 微生物の繁殖を防ぐ	#N/A —	ピロガロール —
ピログルタミン酸イソステアリン酸ポリオキシエチレングリセリル 染毛剤、パーマネントウェーブ用剤ともに、乳化剤、毛髪保護剤として配合。	乳化剤/毛髪保護剤 —	乳化剤/毛髪保護剤 —	(PCA/イソステアリン酸) グリセレス-●● (●●には数字が入る) —

医薬部外品表示名称	染毛剤	パーマネントウェーブ用剤	化粧品表示名称(参考)
ピログルタミン酸イソステアリン酸ポリオキシエチレン硬化ヒマシ油	乳化剤/毛髪保護剤	乳化剤/毛髪保護剤	（PCA/イソステアリン酸）PEG-●●水添ヒマシ油（●●には数字が入る）
界面活性剤。合成ポリマー。染毛剤、パーマネントウェーブ用剤ともに、乳化剤、毛髪保護剤として配合。化粧品では皮膚コンディショニング剤として用いられることがある。	―	―	
ピロリン酸ナトリウム	pH調整剤	pH調整剤	―
染毛剤、パーマネントウェーブ用剤ともにpH調整剤として配合。化粧品では緩衝剤、金属封鎖剤（キレート剤）、腐蝕防止剤等でも配合される。	―	―	―
ピロリン酸四ナトリウム	金属封鎖剤	金属封鎖剤	ピロリン酸4Na
染毛剤、パーマネントウェーブ用剤ともに金属封鎖剤として配合。化粧品では緩衝剤、腐蝕防止剤、pH調整剤のほか口腔ケア剤としても配合される。	ミネラルなどを取り込む	同左	―
ピロリン酸二水素ニナトリウム	#N/A	pH調整剤	ピロリン酸2Na
パーマネントウェーブ用剤において、pH調整剤として配合。化粧品では緩衝剤、腐蝕防止剤等でも配合される。	―	―	―
ピロ亜硫酸ナトリウム	安定剤	安定剤	ピロ亜硫酸Na
染毛剤、パーマネントウェーブ用剤ともに安定剤として配合。還元性を利用して漂白剤や、アスコルビン酸の酸化防止などにも使われている。	―	―	―
ビワ葉エキス	湿潤剤	湿潤剤	ビワ葉エキス
バラ科植物ビワの葉から抽出。成分としてネロリドール、ファルネソール、ピネンなどの精油や有機酸類を含む。染毛剤、パーマネントウェーブ用剤ともに湿潤剤として配合。	―	―	―
フィチン酸液	pH調整剤	pH調整剤	フィチン酸
フィチン酸はカルシウム塩・マグネシウム塩として植物に存在。染毛剤、パーマネントウェーブ用剤ともにpH調整剤として配合。	―	―	―
フィトステロール	毛髪保護剤	毛髪保護剤	ダイズステロール
植物油脂から抽出。主成分はβ-シトステロール。白色で結晶性の粉末。界面活性剤の原料。染毛剤、パーマネントウェーブ用剤ともに毛髪保護剤として配合。	ハリ・コシ・ツヤ・コーティング	同左	―

医薬部外品表示名称		染毛剤	パーマネントウエーブ用剤	化粧品表示名称(参考)
フェニルエチルアルコール		防腐剤	防腐剤	フェネチルアルコール
バラやカーネーション、ゼラニウムなど自然界の精油に含まれている無色の液体。染毛剤、パーマネントウェーブ剤ともに防腐剤として配合。		微生物の繁殖を防ぐ	同左	—
フェノキシエタノール		防腐剤	防腐剤	フェノキシエタノール
アルカリ溶液中でフェノールに酸化エチレンを付加して合成され、わずかに特異なにおいのある透明の液体。染毛剤、パーマネントウェーブ剤ともに防腐剤として配合。		微生物の繁殖を防ぐ	同左	—
フキタンポポエキス		湿潤剤	湿潤剤	フキタンポポエキス
キク科植物フキタンポポの葉、花から抽出。成分としてファラジオール、ルチン、タンニン、フィトステロールなどを含む。染毛剤、パーマネントウェーブ用剤ともに湿潤剤として配合。		—	—	—
ブタノール		溶剤	溶剤	ブタノール
化学合成でつくられている揮発性の液体。染毛剤、パーマネントウェーブ用剤ともに溶剤として配合。ネイルエナメルの助溶剤として使われる。		固体や液体を溶かす	同左	—
フタル酸ジエチル		溶剤	溶剤	フタル酸ジエチル
有機化合物。染毛剤、パーマネントウェーブ用剤ともに溶剤として配合。化粧品では香料の溶剤および保留剤として配合されることも。粘膜に刺激を与えることがある。		固体や液体を溶かす	同左	—
フタル酸ジブチル		溶剤	溶剤	フタル酸ジブチル
有機化合物。染毛剤、パーマネントウェーブ用剤ともに溶剤として配合。印刷インクの添加剤や、接着剤として使われることもある。		固体や液体を溶かす	同左	—
フタル酸ジメチル		溶剤	溶剤	フタル酸ジメチル
有機化合物。染毛剤、パーマネントウェーブ用剤ともに溶剤として配合。		固体や液体を溶かす	同左	—
ブチルヒドロキシアニソール		安定剤	安定剤	BHA
有機化合物。染毛剤、パーマネントウェーブ用剤ともに安定剤として配合。加工食品や化粧品では酸化防止剤として使われている。		—	—	—

ア行
カ行
サ行
タ行
ナ行
ハ行
マ行
ヤ行
ラ行
ワ行
漢字
英字
数字

医薬部外品表示名称	染毛剤	パーマネントウエーブ用剤	化粧品表示名称 (参考)
ブッチャーブルームエキス ユリ科植物ナギイカダの根から抽出。成分として精油、サポニンを含む。パーマネントウェーブ用剤において、湿潤剤として配合。	#N/A —	湿潤剤 —	ナギイカダ根エキス —
ブドウ種子油 ブドウ科植物ブドウの種子から抽出した無色～薄黄色の液状オイル。柔軟成分や保護成分として用いられるだけでなく、トリートメント効果が期待できる。染毛剤、パーマネントウェーブ用剤ともに基剤、毛髪保護剤として配合。	基剤/毛髪保護剤 剤のベース/ハリ・コシ	基剤/毛髪保護剤 同左	ブドウ種子油 —
ブドウ酒 ブドウ科植物ブドウの果実をアルコール発酵させて得る。染毛剤、パーマネントウェーブ用剤ともに湿潤剤として配合。	湿潤剤 —	湿潤剤 —	ブドウ酒 —
ブドウ糖 デンプンを加水分解して得られる糖（ブドウ糖、果糖、ガラクトース）の一種。水とゆるく結合して水の蒸発を抑制する保湿効果に特に優れている。染毛剤、パーマネントウェーブ用剤ともに湿潤剤として配合。	湿潤剤 —	湿潤剤 —	グルコース —
ブドウ葉エキス ブドウ科植物アカブドウの葉から抽出。成分としてタンニン、アントシアニン、糖類を含む。染毛剤、パーマネントウェーブ用剤ともに湿潤剤として配合。	湿潤剤 —	湿潤剤 —	ブドウ葉エキス —
フマル酸 ケシ科植物やアイルランド産のコケ類などに含まれている無色の結晶。染毛剤、パーマネントウェーブ用剤ともにpH調整剤として配合。	pH調整剤 —	pH調整剤 —	フマル酸 —
フマル酸一ナトリウム 水に溶けにくいフマル酸を溶けやすくしたもの。染毛剤、パーマネントウェーブ用剤ともにpH調整剤として配合。	pH調整剤 —	pH調整剤 —	フマル酸Na —
プラセンタエキス（1） 主にブタの胎盤を、血液を取り除き、きれいにした新鮮な状態で凍結、保存したものを無菌的に抽出・精製したエキス。染毛剤、パーマネントウェーブ用剤ともに湿潤剤として配合。（2）とは抽出物の量などが異なる。	湿潤剤 —	湿潤剤 —	プラセンタエキス —

医薬部外品表示名称	染毛剤	パーマネントウエーブ用剤	化粧品表示名称 (参考)
プラセンタエキス(2) 主にブタの胎盤を、血液を取り除き、きれいにした新鮮な状態で凍結、保存したものを無菌的に抽出・精製したエキス。染毛剤、パーマネントウェーブ用剤ともに湿潤剤として配合。(1)とは抽出物の量などが異なる。	湿潤剤 —	湿潤剤 —	プラセンタエキス —
プリスタン サメの肝油などの天然油を水素添加して得られる。無色、無味、無臭で浸透性の強い油状液体である。染毛剤、パーマネントウェーブ用剤ともに毛髪保護剤として配合。	毛髪保護剤 ハリ・コシ・ツヤ・コーティング	毛髪保護剤 同左	プリスタン —
プルーン酵素分解物 バラ科植物プラムの果実を乾燥させたプルーンの酵素分解物。染毛剤、パーマネントウェーブ用剤ともに湿潤剤として配合。	湿潤剤 —	湿潤剤 —	プルーン分解物 —
プルラン ブドウ糖（グルコース）が多数つながった形をした高分子物質。一般には微生物がつくり出すものを使う。水によく溶け、とろみを与える。染毛剤、パーマネントウェーブ用剤ともに湿潤剤として配合。	湿潤剤 —	湿潤剤 —	プルラン —
プロパノール プロピルアルコールともいわれるアルコールの一種。染毛剤、パーマネントウェーブ用剤ともに溶剤として配合。	溶剤 固体や液体を溶かす	溶剤 同左	プロパノール —
プロピレングリコール 酸化プロピレンから化学合成された多価アルコールで、無色透明な液体。水やアルコール類に非常に溶けやすい性質を持っている。染毛剤、パーマネントウェーブ用剤ともに、湿潤剤、溶剤として配合。	湿潤剤/溶剤 固体や液体を溶かす	湿潤剤/溶剤 同左	PG —
ヘキサステアリン酸ポリオキシエチレンソルビット 界面活性剤。染毛剤、パーマネントウェーブ用剤ともに乳化剤として配合。	乳化剤 混ざらないものを化学的安定に混ぜる	乳化剤 同左	ヘキサステアリン酸ソルベス-●● (●●には数字が入る) —
ヘキシルデカノール プロピレンを原科として得られる無色透明な液体オイル。ほかの油性物質との相溶性、化学的安定性に優れており、酸化しにくい特性がある。染毛剤、パーマネントウェーブ用剤ともに基剤として配合。	基剤 剤のベース	基剤 同左	ヘキシルデカノール —

ア行 カ行 サ行 タ行 ナ行 ハ行 マ行 ヤ行 ラ行 ワ行 漢字 英字 数字

医薬部外品表示名称	染毛剤	パーマネントウェーブ用剤	化粧品表示名称(参考)
ヘキシレングリコール 無色透明の多価アルコール。染毛剤、パーマネントウェーブ用剤ともに溶剤として配合。	溶剤 固体や液体を溶かす	溶剤 同左	ヘキシレングリコール —
ヘチマエキス(1) ウリ科植物ヘチマの果実および地上部から抽出。成分としてサポニン、糖類を含む。染毛剤、パーマネントウェーブ用剤ともに湿潤剤として配合。	湿潤剤 —	湿潤剤 —	ヘチマエキス —
ヘチマ水 ウリ科植物ヘチマの茎を切り、流出した液体を収集して精製したもの。染毛剤、パーマネントウェーブ用剤ともに湿潤剤として配合。	湿潤剤 —	湿潤剤 —	ヘチマ水 —
ヘチマ末 ウリ科植物ヘチマの果実から抽出。成分としてサポニン、糖類を含む。染毛剤、パーマネントウェーブ用剤ともに湿潤剤、毛髪保護剤として配合。	湿潤剤/毛髪保護剤 ハリ・コシ・ツヤ・コーティング	湿潤剤/毛髪保護剤 同左	ヘチマ —
ベニバナ黄 キク科植物ベニバナの花から抽出。主な成分としてカーサミンなど。染毛剤、パーマネントウェーブ用剤ともに着色剤として配合。	着色剤 —	着色剤 —	ベニバナ黄 —
ベニバナ赤 キク科植物ベニバナの花から抽出。主な成分としてカーサミンなど。染毛剤、パーマネントウェーブ用剤ともに着色剤として配合。	着色剤 —	着色剤 —	ベニバナ赤 —
ベヘニルアルコール 常温ではロウ状の油性成分。染毛剤、パーマネントウェーブ用剤ともに基剤として配合。クリームの硬さや伸び具合の調整、乳化安定作用などに用いられる。	基剤 剤のベース	基剤 同左	ベヘニルアルコール —
ベヘニン酸 高級脂肪酸類。動植物から得られる油脂を分解するか、合成によってつくられる油性成分。染毛剤、パーマネントウェーブ用剤ともに起泡剤として配合。	起泡剤 —	起泡剤 —	ベヘン酸 —

医薬部外品表示名称	染毛剤	パーマネントウエーブ用剤	化粧品表示名称 (参考)
ベンガラ 雲母チタンを加熱還元して表面を黒酸化チタンとしたものに、酸化チタンの薄膜を被覆処理した板状粉体。染毛剤、パーマネントウェーブ用剤ともに着色剤として配合。	着色剤 —	着色剤 —	酸化鉄 —
ベンジルアルコール 無色透明で液体の油性成分。染毛剤、パーマネントウェーブ用剤ともに溶剤として配合。	溶剤 固体や液体を溶かす	溶剤 同左	ベンジルアルコール —
ボタンエキス ボタン科植物ボタンの根の皮から抽出。成分としてペオニフロリン、アラントインなどを含む。染毛剤、パーマネントウェーブ用剤ともに湿潤剤として配合。	湿潤剤 —	湿潤剤 —	ボタンエキス —
ホップエキス クワ科植物ホップの雌花穂から抽出。成分としてタンニン、フラボン配糖体、精油成分のフクロンなどを含む。染毛剤、パーマネントウェーブ用剤ともに湿潤剤として配合。	湿潤剤 —	湿潤剤 —	ホップエキス —
ホホバアルコール シムモンドシア科植物ホホバの種子油をけん化（鹸化と書く）して得られる。染毛剤、パーマネントウェーブ用剤ともに毛髪保護剤として配合。	毛髪保護剤 ハリ・コシ・ツヤ・コーティング	毛髪保護剤 同左	ホホバアルコール —
ホホバ油 シムモンドシア科植物ホホバの種子から抽出した液状のオイル。染毛剤、パーマネントウェーブ用剤ともに基剤、毛髪保護剤として配合。	基剤/毛髪保護剤 剤のベース/ハリ・コシ	基剤/毛髪保護剤 同左	ホホバ種子油 —
ポリ（オキシエチレン・オキシプロピレン）メチルポリシロキサン共重合体 オキシエチレンとオキシプロピレン共重合体を付加させたシリコーン誘導体。染毛剤、パーマネントウェーブ用剤ともに毛髪処理剤、毛髪保護剤として配合。	毛髪処理剤/毛髪保護剤 ハリ・コシ・ツヤ・コーティング	毛髪処理剤/毛髪保護剤 同左	ジメチコンコポリオール —
ポリエチレングリコール1000	基剤	湿潤剤	PEG-20
ポリエチレングリコール11000	基剤	湿潤剤	PEG-240

医薬部外品表示名称	染毛剤	パーマネントウエーブ用剤	化粧品表示名称 (参考)
ポリエチレングリコール1500	基剤	湿潤剤	PEG-6/PEG-32
ポリエチレングリコール1540	基剤	湿潤剤	
ポリエチレングリコール200	基剤	湿潤剤	PEG-4
ポリエチレングリコール20000	基剤	湿潤剤	PEG-400
ポリエチレングリコール300	基剤	湿潤剤	
ポリエチレングリコール400	基剤	湿潤剤	PEG-8
ポリエチレングリコール4000	基剤	湿潤剤	PEG-75
ポリエチレングリコール600	基剤	湿潤剤	PEG-12
ポリエチレングリコール6000	基剤	湿潤剤	PEG-150
ヒモ状に長い形をした水溶性の高分子。成分名の最後についている数字が大きいほど長くなる。短いものは液状、長いものはペーストや固形に。染毛剤では基剤、パーマネントウェーブ用剤では湿潤剤として配合。	剤のベース	—	
ポリオキシエチレン・ポリオキシプロピレン液状ラノリン	乳化剤/湿潤剤	乳化剤/湿潤剤	PPG-12-PEG-65液状ラノリン
界面活性剤。ラノリンは羊毛脂。水溶性の合成ポリマー。染毛剤、パーマネントウェーブ用剤ともに乳化剤、湿潤剤として配合。	混ざらないものを化学的安定に混ぜる	同左	—
ポリオキシエチレン・メチルポリシロキサン共重合体	毛髪処理剤/毛髪保護剤	毛髪処理剤/毛髪保護剤	ジメチコンコポリオール
オキシエチレンとオキシプロピレン共重合体を付加させたシリコーン誘導体。染毛剤、パーマネントウェーブ用剤ともに毛髪処理剤、毛髪保護剤として配合。	ハリ・コシ・ツヤ・コーティング	同左	—
ポリオキシエチレン2-ヘキシルデシルエーテル	乳化剤	乳化剤	イソセテス-●● (●●には数字が入る)
界面活性剤。染毛剤、パーマネントウェーブ用剤ともに乳化剤として配合。	混ざらないものを化学的安定に混ぜる	同左	—

医薬部外品表示名称	染毛剤	パーマネントウエーブ用剤	化粧品表示名称 (参考)
ポリオキシエチレンアルキル(11, 13, 15)エーテル硫酸トリエタノールアミン(1E.O.)	乳化剤	乳化剤	(C11-15)パレス硫酸TEA
界面活性剤。染毛剤、パーマネントウェーブ用剤ともに乳化剤として配合。(11,13,15)はアルキル(アルコール)の炭素数を指す。トリエタノールアミンは有機アルカリ剤で、脂肪酸と反応して石鹸になる。	―	―	―
ポリオキシエチレンアルキル(11, 13, 15)エーテル硫酸ナトリウム(1E.O.)	起泡剤/乳化剤	起泡剤/乳化剤	(C11,13,15)パレス-1硫酸Na
界面活性剤。合成アルコールに酸化エチレンを付加重合し、その後アルカリとの中和で得られる。染毛剤、パーマネントウェーブ用剤ともに起泡剤、乳化剤として配合。	―	―	―
ポリオキシエチレンアルキル(11〜15)エーテル硫酸ナトリウム(3E.O.)	起泡剤/乳化剤	起泡剤/乳化剤	(C11-15)パレス-3硫酸Na
界面活性剤。合成アルコールに酸化エチレンを付加重合し、その後アルカリとの中和で得られる。染毛剤、パーマネントウェーブ用剤ともに、起泡剤、乳化剤として配合。	―	―	―
ポリオキシエチレンアルキル(12, 13)エーテル(10E.O.)	乳化剤	乳化剤	(C12,13)パレス-10
界面活性剤。染毛剤、パーマネントウェーブ用剤ともに乳化剤として配合。(12,13)はアルキル(アルコール)の炭素数を指す。E.O.はエチレンオキシド(有機化合物の一種)のこと。	混ざらないものを化学的安定に混ぜる	同左	―
ポリオキシエチレンアルキル(12, 13)エーテルリン酸(10E.O.)	起泡剤/乳化剤	起泡剤/乳化剤	(C12,13)パレス-10リン酸
混合アルキル基を持つアルコールに、酸化エチレンを付加重合して得られるリン酸エステル(化合物の一種)の界面活性剤。染毛剤、パーマネントウェーブ用剤ともに起泡剤、乳化剤として配合。	―	―	―
ポリオキシエチレンアルキル(12, 13)エーテル硫酸ジエタノールアミン(3E.O.)	起泡剤/乳化剤	起泡剤/乳化剤	(C12,13)パレス-3硫酸DEA
界面活性剤。起泡剤、乳化剤として配合されている。ジエタノールアミンはアルカリ剤で、脂肪酸と石鹸を形成する。	―	―	―
ポリオキシエチレンアルキル(12, 13)エーテル硫酸トリエタノールアミン(3E.O.)	起泡剤/乳化剤	起泡剤/乳化剤	(C12,13)パレス-3硫酸TEA
界面活性剤。染毛剤、パーマネントウェーブ用剤ともに起泡剤、乳化剤として配合。トリエタノールアミンは有機アルカリ剤で、脂肪酸と反応して石鹸になる。	―	―	―
ポリオキシエチレンアルキル(12, 13)エーテル硫酸トリエタノールアミン・ナトリウム(3E.O.),アルキル(12, 13)硫酸ナトリウム混合物液	起泡剤/乳化剤	起泡剤/乳化剤	(C12,13)パレス-3硫酸(TEA/Na)
界面活性剤。染毛剤、パーマネントウェーブ用剤ともに起泡剤、乳化剤として配合。トリエタノールアミンは有機アルカリ剤で、脂肪酸と反応して石鹸になる。化粧品では洗浄剤として配合。	混ざらないものを化学的安定に混ぜる	同左	―

医薬部外品表示名称	染毛剤	パーマネントウェーブ用剤	化粧品表示名称（参考）
ポリオキシエチレンアルキル（12，13）エーテル硫酸ナトリウム（3E.O.）	起泡剤/乳化剤	起泡剤/乳化剤	（C12,13）パレス-3硫酸Na
界面活性剤。合成アルコールに酸化エチレンを付加重合し、その後アルカリとの中和で得られる。染毛剤、パーマネントウェーブ用剤ともに起泡剤、乳化剤として配合。	—		
ポリオキシエチレンアルキル（12〜14）エーテル	乳化剤	乳化剤	（C12-14）パレス-5
炭素数12〜14のアルキル（アルコール）に、酸化エチレンを付加重合したもの。界面活性剤。染毛剤、パーマネントウェーブ用剤ともに乳化剤として配合。	混ざらないものを化学的安定に混ぜる	同左	—
ポリオキシエチレンアルキル（12〜14）エーテル（12E.O.）	乳化剤	乳化剤	（C12-14）パレス-12
界面活性剤。染毛剤、パーマネントウェーブ用剤ともに乳化剤として配合。E.O.とはエチレンオキシド（有機化合物の一種）のこと。	混ざらないものを化学的安定に混ぜる	同左	—
ポリオキシエチレンアルキル（12〜14）エーテル（3E.O.）	乳化剤	乳化剤	（C12-14）パレス-3
界面活性剤。染毛剤、パーマネントウェーブ用剤ともに乳化剤として配合。	混ざらないものを化学的安定に混ぜる	同左	—
ポリオキシエチレンアルキル（12〜14）エーテル硫酸ナトリウム（3E.O.）	起泡剤/乳化剤	起泡剤/乳化剤	（C12-14）パレス-3硫酸Na
界面活性剤。合成アルコールに酸化エチレンを付加重合し、その後アルカリとの中和で得られる。染毛剤、パーマネントウェーブ用剤ともに起泡剤、乳化剤として配合。	—		
ポリオキシエチレンアルキル（12〜14）スルホコハク酸ニナトリウム液	起泡剤	起泡剤	スルホコハク酸（C12-14）パレス-2Na
界面活性剤。起泡剤として配合。化粧石鹸にも配合され、化粧品では乳化剤としても使われている。	—		—
ポリオキシエチレンアルキル（12〜15）エーテルリン酸	乳化剤	乳化剤	（C12-15）パレス-2リン酸
混合アルキル基を持つアルコールに、酸化エチレンを付加重合して得られるリン酸エステルの界面活性剤。染毛剤、パーマネントウェーブ用剤ともに起泡剤として配合。	混ざらないものを化学的安定に混ぜる	同左	—
ポリオキシエチレンアルキル（12〜15）エーテルリン酸（10E.O.）	乳化剤	乳化剤	（C12-15）パレス-10リン酸
混合アルキル基を持つアルコールに、酸化エチレンを付加重合して得られるリン酸エステルの界面活性剤。染毛剤、パーマネントウェーブ用剤ともに乳化剤として配合。	混ざらないものを化学的安定に混ぜる	同左	—

医薬部外品表示名称	染毛剤	パーマネントウエーブ用剤	化粧品表示名称(参考)
ポリオキシエチレンアルキル（12～15）エーテルリン酸（8E.O.）	乳化剤	乳化剤	（C12-15）パレス-8リン酸
混合アルキル基を持つアルコールに、酸化エチレンを付加重合して得られるリン酸エステルの界面活性剤。染毛剤、パーマネントウェーブ用剤ともに乳化剤として配合。	混ざらないものを化学的安定に混ぜる	同左	—
ポリオキシエチレンアルキル（12～15）エーテル硫酸ナトリウム（3E.O.）	起泡剤/乳化剤	起泡剤/乳化剤	（C12-15）パレス-3硫酸Na
界面活性剤。合成アルコールに酸化エチレンを付加重合し、その後アルカリでの中和によって得られる。染毛剤、パーマネントウェーブ用剤ともに起泡剤、乳化剤として配合。	—	—	—
ポリオキシエチレンアルキル（12～16）エーテルリン酸（6E.O.）	乳化剤	乳化剤	（C12-16）パレス-6リン酸
混合アルキル基を持つアルコールに、酸化エチレンを付加重合して得られるリン酸エステルの界面活性剤。染毛剤、パーマネントウェーブ用剤ともに乳化剤として配合。	混ざらないものを化学的安定に混ぜる	同左	—
ポリオキシエチレンアルキルエーテル硫酸トリエタノールアミン（3E.O.）液	起泡剤/乳化剤	起泡剤/乳化剤	ラウレス硫酸TEA
界面活性剤。染毛剤、パーマネントウェーブ用剤ともに起泡剤、乳化剤として配合。バブルバスの基剤としても使われる。	—	—	—
ポリオキシエチレンイソステアリルエーテル	乳化剤	乳化剤	イソステアレス-●●（●●には数字が入る）
界面活性剤。染毛剤、パーマネントウェーブ用剤ともに乳化剤として配合。	混ざらないものを化学的安定に混ぜる	同左	—
ポリオキシエチレンオクチルドデシルエーテル	乳化剤	乳化剤	オクチルドデセス-●●（●●には数字が入る）
界面活性剤。染毛剤、パーマネントウェーブ用剤ともに乳化剤として配合。オクチルドデカノールは高級アルコール（油剤）。	混ざらないものを化学的安定に混ぜる	—	—
ポリオキシエチレンオレイルエーテル	乳化剤	乳化剤/可溶剤	オレス-●●（●●には数字が入る）
界面活性剤。染毛剤では乳化剤、パーマネントウェーブ用剤では乳化剤、可溶剤として配合。オレイルアルコールは高級アルコール（油剤）。	混ざらないものを化学的安定に混ぜる	—	—
ポリオキシエチレンオレイルエーテルリン酸	乳化剤	乳化剤	オレス-●●リン酸（●●には数字が入る）
界面活性剤。染毛剤、パーマネントウェーブ用剤ともに乳化剤として配合。オレイルアルコールは高級アルコール（油剤）。	混ざらないものを化学的安定に混ぜる	同左	—

医薬部外品表示名称	染毛剤	パーマネントウェーブ用剤	化粧品表示名称（参考）
ポリオキシエチレンオレイルエーテルリン酸ジエタノールアミン	乳化剤	乳化剤	オレス-●●リン酸DEA（●●には数字が入る）
界面活性剤。染毛剤、パーマネントウェーブ用剤ともに乳化剤として配合。オクチルドデカノールは高級アルコール（油剤）。	混ざらないものを化学的安定に混ぜる	同左	—
ポリオキシエチレンオレイルエーテルリン酸ナトリウム	乳化剤	乳化剤	オレス-●●リン酸Na（●●には数字が入る）
界面活性剤。染毛剤、パーマネントウェーブ用剤ともに乳化剤として配合。	混ざらないものを化学的安定に混ぜる	同左	—
ポリオキシエチレンオレイルセチルエーテル	乳化剤	乳化剤	セトレス-●●（●●には数字が入る）
界面活性剤。染毛剤、パーマネントウェーブ用剤ともに乳化剤として配合。化粧品では湿潤剤としても配合される。	混ざらないものを化学的安定に混ぜる	同左	—
ポリオキシエチレンオレイン酸グリセリル	乳化剤	乳化剤	オレイン酸PEG-●●グリセリル（●●には数字が入る）
界面活性剤。染毛剤、パーマネントウェーブ用剤ともに乳化剤として配合。オレイン酸は脂肪酸。	混ざらないものを化学的安定に混ぜる	同左	—
ポリオキシエチレンコレステリルエーテル	乳化剤	乳化剤	コレス-●●（●●には数字が入る）
界面活性剤。染毛剤、パーマネントウェーブ用剤ともに乳化剤として配合。化粧品では可溶化剤としても配合される。コレステロールは代表的なステロール。	混ざらないものを化学的安定に混ぜる	同左	—
ポリオキシエチレンステアリルエーテル	乳化剤	乳化剤	ステアレス-●●（●●には数字が入る）
ステアリルアルコールに酸化エチレンを付加して得られる。乳化力に優れ、安定した界面活性剤。染毛剤、パーマネントウェーブ用剤ともに乳化剤として配合。	混ざらないものを化学的安定に混ぜる	同左	—
ポリオキシエチレンセチルエーテル	乳化剤	乳化剤	セテス-●●（●●には数字が入る）
セタノールに酸化エチレンを付加重合して得られる界面活性剤。染毛剤、パーマネントウェーブ用剤ともに乳化剤として配合。	混ざらないものを化学的安定に混ぜる	同左	—
ポリオキシエチレンセチルエーテルリン酸	乳化剤	乳化剤	セテス-●●リン酸（●●には数字が入る）
界面活性剤。染毛剤、パーマネントウェーブ用剤ともに乳化剤として配合。	混ざらないものを化学的安定に混ぜる	同左	—

医薬部外品表示名称	染毛剤	パーマネントウエーブ用剤	化粧品表示名称 (参考)
ポリオキシエチレンセトステアリルエーテル 界面活性剤。染毛剤、パーマネントウェーブ用剤ともに乳化剤として配合。	乳化剤 混ざらないものを化学的安定に混ぜる	乳化剤 同左	セテアレス-●● (●●には数字が入る) —
ポリオキシエチレントリデシルエーテル 界面活性剤。染毛剤において、乳化剤として配合。	乳化剤 混ざらないものを化学的安定に混ぜる	#N/A —	トリデセス-●● (●●には数字が入る) —
ポリオキシエチレントリデシルエーテル酢酸 界面活性剤。染毛剤、パーマネントウェーブ用剤ともに起泡剤として配合。	起泡剤 —	起泡剤 —	トリデセス-●● カルボン酸 (●●には数字が入る) —
ポリオキシエチレントリデシルエーテル酢酸ナトリウム ポリオキシエチレントリデシルエーテル酢酸をナトリウムによって化学的に安定させた成分。界面活性剤。染毛剤、パーマネントウェーブ用剤ともに起泡剤として配合。	起泡剤 —	起泡剤 —	トリデセス-●● カルボン酸Na (●●には数字が入る) —
ポリオキシエチレンヒマシ油 水添ヒマシ油に酸化エチレンを付加重合したもので、酸化エチレンの重合度により親水性の強さが変わる。染毛剤、パーマネントウェーブ用剤ともに乳化剤として配合。界面活性剤。	乳化剤 混ざらないものを化学的安定に混ぜる	乳化剤 同左	PEG-●●ヒマシ油 (●●には数字が入る) —
ポリオキシエチレンフィトステロール 界面活性剤。乳化剤として配合。フィトステロールは大豆からとる脂質の一種。	乳化剤 混ざらないものを化学的安定に混ぜる	乳化剤 同左	PEG-●●フィトステロール (●●には数字が入る) —
ポリオキシエチレンベヘニルエーテル 油性成分の高級アルコールであるベヘニルアルコールと、水性成分のポリエチレンがグリコール結合してできている白色ワックス状の界面活性剤。染毛剤、パーマネントウェーブ用剤ともに乳化剤として配合。	乳化剤 混ざらないものを化学的安定に混ぜる	乳化剤 同左	ベヘネス-●● (●●には数字が入る) —
ポリオキシエチレンポリオキシプロピレンセチルエーテル（20E.O.）（4P.O.） 界面活性剤。染毛剤、パーマネントウェーブ用剤ともに、乳化剤、可溶剤として配合。	乳化剤/可溶剤 —	乳化剤/可溶剤 —	PPG-4セテス-20

医薬部外品表示名称	染毛剤	パーマネントウェーブ用剤	化粧品表示名称 (参考)
ポリオキシエチレンポリオキシプロピレンセチルエーテル（20E.O.）（8P.O.） 界面活性剤。染毛剤、パーマネントウェーブ用剤ともに、乳化剤、可溶剤として配合。	乳化剤/可溶剤 —	乳化剤/可溶剤 —	PPG-8セテス-20 —
ポリオキシエチレンポリオキシプロピレンセチルエーテルリン酸 界面活性剤。染毛剤、パーマネントウェーブ用剤ともに乳化剤として配合。化粧品では帯電防止剤としての配合も。	乳化剤 混ざらないものを化学的安定に混ぜる	乳化剤 同左	PPG-5セテス-10リン酸 —
ポリオキシエチレンポリオキシプロピレンデシルテトラデシルエーテル 界面活性剤。染毛剤、パーマネントウェーブ用剤ともに、乳化剤、可溶剤として配合。	乳化剤/可溶剤 —	乳化剤/可溶剤 —	PPG-6デシルテトラデセス-20 —
ポリオキシエチレンポリオキシプロピレンヘキシレングリコールエーテル（300E.O.）（75P.O.） 界面活性剤。染毛剤、パーマネントウェーブ用剤ともに湿潤剤として配合。化粧品では可溶化剤としての配合も。	湿潤剤 —	湿潤剤 —	PPG-75-PEG-300ヘキシレングリコール —
ポリオキシエチレンポリオキシプロピレンラノリン 界面活性剤。ラノリンは羊毛脂。染毛剤、パーマネントウェーブ用剤ともに乳化剤、湿潤剤として配合。	乳化剤/湿潤剤 混ざらないものを化学的安定に混ぜる	乳化剤/湿潤剤 同左	PPG-12-PEG-50ラノリン —
ポリオキシエチレンポリオキシプロピレン還元ラノリン 界面活性剤。加脂性。ラノリンは羊毛脂。染毛剤、パーマネントウェーブ用剤ともに乳化剤、湿潤剤として配合。	乳化剤/湿潤剤 混ざらないものを化学的安定に混ぜる	乳化剤/湿潤剤 同左	PPG-20-PEG-20水添ラノリン —
ポリオキシエチレンミリスチルエーテル硫酸ナトリウム（3E.O.）液 界面活性剤。染毛剤、パーマネントウェーブ用剤ともに起泡剤として配合。化粧品では乳化剤としても使われる。	起泡剤 —	起泡剤 —	ミレス-3硫酸Na —
ポリオキシエチレンメチルグルコシド グルコース（ブドウ糖）に水溶性高分子のポリエチレングリコールなどを結合させて改質した保湿剤。染毛剤、パーマネントウェーブ用剤ともに湿潤剤として配合。	湿潤剤 —	湿潤剤 —	メチルグルセス-10 —

医薬部外品表示名称	染毛剤	パーマネントウェーブ用剤	化粧品表示名称(参考)
ポリオキシエチレンヤシ油アルキルアミン 界面活性剤。染毛剤、パーマネントウェーブ用剤ともに乳化剤として配合。化粧品では洗浄剤としての配合も。	乳化剤 混ざらないものを化学的安定に混ぜる	乳化剤 同左	PEG-2コカミン —
ポリオキシエチレンヤシ油脂肪酸アミド(5E.O.) 界面活性剤。染毛剤、パーマネントウェーブ用剤ともに乳化剤として配合。化粧品では洗浄剤としての配合も。	乳化剤 混ざらないものを化学的安定に混ぜる	乳化剤 同左	PEG-5コカミド —
ポリオキシエチレンヤシ油脂肪酸グリセリル 界面活性剤。染毛剤、パーマネントウェーブ用剤ともに湿潤剤として配合。化粧品では洗浄剤、可溶化剤としての配合も。	湿潤剤 —	湿潤剤 —	PEG-30グリセリルココエート —
ポリオキシエチレンヤシ油脂肪酸ソルビタン(20E.O.) 界面活性剤。染毛剤、パーマネントウェーブ用剤ともに、乳化剤、可溶剤として配合。化粧品では洗浄剤としての配合も。	乳化剤/可溶剤 —	乳化剤/可溶剤 —	PEG-20ソルビタンココエート —
ポリオキシエチレンヤシ油脂肪酸モノエタノールアミド 界面活性剤。染毛剤、パーマネントウェーブ用剤ともに乳化剤として配合。化粧品では起泡剤としての配合も。	乳化剤 混ざらないものを化学的安定に混ぜる	乳化剤 同左	PEG-3コカミド —
ポリオキシエチレンラウリルエーテル 界面活性剤。染毛剤、パーマネントウェーブ用剤ともに、乳化剤、可溶剤として配合。化粧品では保湿剤としての配合も。	乳化剤/可溶剤 —	乳化剤/可溶剤 —	ラウレス-●● (●●には数字が入る) —
ポリオキシエチレンラウリルエーテルリン酸 界面活性剤。染毛剤、パーマネントウェーブ用剤ともに乳化剤として配合。化粧品では可溶化剤としての配合も。	乳化剤 混ざらないものを化学的安定に混ぜる	乳化剤 同左	ジラウレス-4リン酸 —
ポリオキシエチレンラウリルエーテルリン酸ナトリウム 界面活性剤。染毛剤、パーマネントウェーブ用剤ともに乳化剤として配合。化粧品では洗浄剤、可溶化剤、分散剤としての配合も。	乳化剤 混ざらないものを化学的安定に混ぜる	乳化剤 同左	トリラウレス-4リン酸Na —

ア行
カ行
サ行
タ行
ナ行
ハ行
マ行
ヤ行
ラ行
ワ行
漢字
英字
数字

医薬部外品表示名称	染毛剤	パーマネントウェーブ用剤	化粧品表示名称 (参考)
ポリオキシエチレンラウリルエーテル硫酸アンモニウム液	起泡剤/乳化剤	起泡剤/乳化剤	ラウレス-2硫酸アンモニウム
界面活性剤。染毛剤、パーマネントウェーブ用剤ともに起泡剤、乳化剤として配合。バブルバスの基剤としても使われる。	—	—	—
ポリオキシエチレンラウリルエーテル硫酸トリエタノールアミン	起泡剤/乳化剤	起泡剤/乳化剤	ラウレス硫酸TEA
界面活性剤。染毛剤、パーマネントウェーブ用剤ともに起泡剤、乳化剤として配合。バブルバスの基剤としても使われる。	—	—	—
ポリオキシエチレンラウリルエーテル硫酸ナトリウム	起泡剤/乳化剤	起泡剤/乳化剤	ラウレス硫酸Na
ヤシ油などから得られるラウリン酸をナトリウムなどに化学反応させて得たラウリルアルコールの一種、ポリエチレングリコールエーテルと、硫酸とのエステル（化合物の一種）であるナトリウム塩のこと。染毛剤、パーマネントウェーブ用剤ともに起泡剤または乳化剤として配合されている。	—	—	—
ポリオキシエチレンラノリン	乳化剤	乳化剤	PEG-5ラノリン
ラノリンのポリエチレングリコール誘導体。界面活性剤。染毛剤、パーマネントウェーブ用剤ともに乳化剤として配合されている。	混ざらないものを化学的安定に混ぜる	同左	—
ポリオキシエチレンラノリンアルコール	乳化剤	乳化剤	ラネス-5
羊毛脂であるラノリンをけん化分解して得るラノリンアルコールに、酸化エチレンを付加して得る界面活性剤。染毛剤、パーマネントウェーブ用剤ともに乳化剤として配合されている。	混ざらないものを化学的安定に混ぜる	同左	—
ポリオキシエチレン還元ラノリン	乳化剤	乳化剤	PEG-40水添ラノリン
羊毛脂であるラノリンに、酸化防止を目的に水素添加し、石油由来の酸化エチレンを付加重合して得る界面活性剤。染毛剤、パーマネントウェーブ用剤ともに乳化剤として配合。	混ざらないものを化学的安定に混ぜる	同左	—
ポリオキシエチレン硬化ヒマシ油	乳化剤	乳化剤	PEG-40水添ヒマシ油
トウダイグサ科植物トウゴマの種子（ヒマシ）から抽出されるヒマシ油に、酸化防止を目的に水素添加し、石油由来の酸化エチレンを付加重合して得る界面活性剤。染毛剤、パーマネントウェーブ用剤ともに乳化剤として配合。	混ざらないものを化学的安定に混ぜる	同左	—
ポリオキシプロピレン・メチルポリシロキサン共重合体	毛髪処理剤/毛髪保護剤	毛髪処理剤/毛髪保護剤	ジメチコンコポリオール
オキシエチレンとオキシプロピレン共重合体を付加させたシリコーン誘導体。染毛剤、パーマネントウェーブ用剤ともに毛髪処理剤、毛髪保護剤として配合。	ハリ・コシ・ツヤ・コーティング	同左	—

医薬部外品表示名称	染毛剤	パーマネントウェーブ用剤	化粧品表示名称 参考
ポリオキシプロピレングリセリルエーテル	乳化剤	乳化剤	PPG-3グリセリル
界面活性剤。染毛剤、パーマネントウェーブ用剤ともに乳化剤として配合。	混ざらないものを化学的安定に混ぜる	同左	—
ポリオキシプロピレンジグリセリルエーテル	湿潤剤	湿潤剤	PPG-9ジグリセリル
界面活性剤。染毛剤、パーマネントウェーブ用剤ともに湿潤剤として配合。	—	—	—
ポリオキシプロピレンステアリルエーテル	乳化剤	乳化剤	PPG-11ステアリル
油剤。染毛剤、パーマネントウェーブ用剤ともに乳化剤として配合。化粧品では基礎化粧品、頭髪化粧品、洗浄用化粧品など使用用途が広い。	混ざらないものを化学的安定に混ぜる	同左	—
ポリオキシプロピレンセチルエーテル（10P.O.）	湿潤剤	湿潤剤	PPG-10セチル
油剤。染毛剤、パーマネントウェーブ用剤ともに湿潤剤として配合。	—	—	—
ポリオキシプロピレンメチルグルコシド	湿潤剤	湿潤剤	PPG-10メチルグルコース
染毛剤、パーマネントウェーブ用剤ともに湿潤剤として配合。化粧品では保湿剤、乳化安定剤、皮膚コンディショニング剤、ヘアコンディショニング剤としても使われる。	—	—	—
ポリソルベート80	乳化剤	乳化剤	ポリソルベート80
油性成分の高級脂肪酸に、水性成分のソルビトール、水溶性成分のポリエチレングリコールをつなぎ合わせた界面活性剤。染毛剤、パーマネントウェーブ用剤ともに乳化剤として配合。	混ざらないものを化学的安定に混ぜる	同左	—
ポリビニルアルコール	増粘剤	増粘剤	ポリビニルアルコール
ポリ酢酸ビニルを元につくられる白色〜薄黄色の粉体。水に徐々に溶け、塗布後乾燥させると皮膜をつくる。乳化や分散の安定性を高める。染毛剤、パーマネントウェーブ用剤ともに増粘剤として配合。	とろみ	とろみ	—
ポリビニルピロリドン	毛髪処理剤/毛髪保護剤	毛髪処理剤/毛髪保護剤	PVP
染毛剤、パーマネントウェーブ用剤ともに毛髪処理剤、毛髪保護剤として配合。乾くとやわらかい膜になる皮膜形成剤。	ハリ・コシ・ツヤ・コーティング	同左	—

医薬部外品表示名称	染毛剤	パーマネントウエーブ用剤	化粧品表示名称（参考）
ポリプロピレン 合成ポリマー。染毛剤、パーマネントウェーブ用剤ともに増粘剤として配合。	増粘剤 とろみ	増粘剤 とろみ	ポリプロピレン —
ポリメタクリロイルエチルジメチルベタイン液 合成ポリマー。水溶性。ベタインは分子内にプラスマイナス両イオンを持ち、パーマネントウェーブ用剤において、毛髪処理剤、毛髪保護剤として配合。	#N/A	毛髪処理剤/毛髪保護剤 ハリ・コシ・ツヤ・コーティング	ポリメタクリロイルエチルベタイン —
ポリリン酸ナトリウム 白色または無色透明の粉末。品質の劣化を防ぐ金属封鎖剤またはpH調整剤として配合。	金属封鎖剤/pH調整剤 —	金属封鎖剤/pH調整剤 —	三リン酸5Na —
ポリ塩化ジメチルジメチレンピロリジニウム液 配合すると感触を改善することができる成分。染毛剤、パーマネントウェーブ用剤ともに毛髪保護剤として配合。	毛髪保護剤 ハリ・コシ・ツヤ・コーティング	毛髪保護剤 同左	ポリクオタニウム-6 —
ポリ酢酸ビニルエマルション 毛髪の表面で乾くとやわらかいフィルムを形成する性質があり、皮膜形成剤として配合される。乳濁液または乳剤。染毛剤、パーマネントウェーブ用剤ともに毛髪処理剤、毛髪保護剤として配合。	毛髪処理剤/毛髪保護剤 ハリ・コシ・ツヤ・コーティング	毛髪処理剤/毛髪保護剤 同左	ポリ酢酸ビニル —
ポリ酢酸ビニル液 毛髪の表面で乾くとやわらかいフィルムを形成する性質があり、皮膜形成剤として配合される。液剤。染毛剤、パーマネントウェーブ用剤ともに毛髪処理剤、毛髪保護剤として配合。	毛髪処理剤/毛髪保護剤 ハリ・コシ・ツヤ・コーティング	毛髪処理剤/毛髪保護剤 同左	ポリ酢酸ビニル —
マイカ 原石である白雲母、金雲母を粉砕して得られた、含水ケイ酸アルミニウムカリウムを主体とする板状粉体。表面がすべすべした性質がある。染毛剤、パーマネントウェーブ用剤ともに着色剤として配合。	着色剤 —	着色剤 —	マイカ —
マイクロクリスタリンワックス ワセリンから固体成分を分離して精製された固形状オイル。多くのオイル成分に溶けやすく、染毛剤、パーマネントウェーブ用剤ともに基剤として配合。	基剤 剤のベース	基剤 剤のベース	マイクロクリスタリンワックス —

医薬部外品表示名称	染毛剤	パーマネントウエーブ用剤	化粧品表示名称 (参考)
マカデミアナッツ油 マカデミアの種子から抽出した油脂で、脂肪酸部分はオレイン酸とパルチミン酸の比率が高い液状オイル。柔軟効果や、ツヤ出し効果に優れる。染毛剤、パーマネントウェーブ用剤ともに基剤、毛髪保護剤として配合。	基剤/毛髪保護剤 剤のベース/ハリ・コシ	基剤/毛髪保護剤 —	マカデミア種子油 —
マツエキス マツ科植物セイヨウアカマツの球果から抽出。染毛剤、パーマネントウェーブ用剤ともに湿潤剤として配合。	湿潤剤 —	湿潤剤 —	セイヨウアカマツ球果エキス —
マルチトール 糖アルコールの一種。水とゆるく結合して水の蒸発を抑制する保湿効果に特に優れている。染毛剤、パーマネントウェーブ用剤ともに湿潤剤として配合。	湿潤剤 —	湿潤剤 —	マルチトール —
マルチトール液 マルチトールの水溶液。水とゆるく結合して水の蒸発を抑制する保湿効果に特に優れている。染毛剤、パーマネントウェーブ用剤ともに湿潤剤として配合。	湿潤剤 —	湿潤剤 —	マルチトール —
マルトース 麦芽糖のこと。染毛剤、パーマネントウェーブ用剤ともに湿潤剤として配合。	湿潤剤 —	湿潤剤 —	マルトース —
マロニエエキス トチノキ科植物セイヨウトチノキ（マロニエ）の樹皮から抽出。成分はエスシンというトリペルテンが中心。染毛剤、パーマネントウェーブ用剤ともに湿潤剤として配合。	湿潤剤 —	湿潤剤 —	セイヨウトチノキ樹皮エキス —
マンガンバイオレット 19世紀に初めてつくられた、安定性に優れた紫色の無機顔料。染毛剤、パーマネントウェーブ用剤ともに着色剤として配合。	着色剤 —	着色剤 —	マンガンバイオレット —
ミツロウ ミツバチの巣を溶融させてロウ分を採取し、精製したもの。現在では他のオイル成分と組み合わせて配合し、ベースの剤形や感触の調整に使われることが多い。染毛剤、パーマネントウェーブ用剤ともに基剤として配合。	基剤 剤のベース	基剤 同左	ミツロウ —

医薬部外品表示名称	染毛剤	パーマネントウェーブ用剤	化粧品表示名称 (参考)
ミリスチルアルコール 常温ではロウ状の油性成分。染毛剤、パーマネントウェーブ用剤ともに基剤として配合。クリームの硬さや伸び具合の調整、乳化安定作用などに用いられる。	基剤 剤のベース	基剤 同左	ミリスチルアルコール —
ミリスチル硫酸ナトリウム 界面活性剤。染毛剤、パーマネントウェーブ用剤ともに起泡剤として配合。	起泡剤 —	起泡剤 —	ミリスチル硫酸Na —
ミリスチン酸 飽和脂肪酸。動植物から得られる油脂を分解するか、合成によってつくられる油性成分。染毛剤、パーマネントウェーブ用剤ともに起泡剤として配合。	起泡剤 —	起泡剤 —	ミリスチン酸 —
ミリスチン酸イソトリデシル ミリスチン酸とイソトリデシルアルコールのエステル（化合物の一種）。皮膚への伸びがよく、べたつかずさっぱりとした感触。染毛剤、パーマネントウェーブ用剤ともに毛髪保護剤として配合。	毛髪保護剤 ハリ・コシ・ツヤ・コーティング	毛髪保護剤 同左	ミリスチン酸イソトリデシル —
ミリスチン酸イソプロパノールアミン液 界面活性剤。染毛剤の中に起泡剤として配合されている。	起泡剤 —	#N/A —	ミリスチン酸DIPA —
ミリスチン酸イソプロピル 低粘性のさらりとした感触の液状オイル。べたつきがなく、他のオイル成分との相溶性もよい。染毛剤、パーマネントウェーブ用剤ともに基剤として配合。	基剤 剤のベース	基剤 剤のベース	ミリスチン酸イソプロピル —
ミリスチン酸オクチルドデシル 低粘性の液状オイル。染毛剤、パーマネントウェーブ用剤ともに毛髪保護剤として配合。柔軟効果や肌とのなじみのよさなどで、スキンケアからメイクアップまで幅広く使える原料。	毛髪保護剤 ハリ・コシ・ツヤ・コーティング	毛髪保護剤 同左	ミリスチン酸オクチルドデシル —
ミリスチン酸カリウム 脂肪酸と水酸化カリウムとの中和反応、もしくは油脂を水酸化カリウムで加水分解してつくられる界面活性剤。一般に「石鹸」と呼ばれる成分。染毛剤、パーマネントウェーブ用剤ともに乳化剤として配合。	乳化剤 混ざらないものを化学的に安定させて混ぜる	乳化剤 同左	ミリスチン酸K —

医薬部外品表示名称	染毛剤	パーマネントウェーブ用剤	化粧品表示名称 (参考)
ミリスチン酸グリセリル	乳化剤/湿潤剤	乳化剤/湿潤剤	ミリスチン酸グリセリル
油性成分の脂肪酸に、水性成分のグリセリンをつなぎ合わせたもの。染毛剤、パーマネントウェーブ用剤ともに乳化剤、湿潤剤として配合。油とも水ともなじむ。	—	—	—
ミリスチン酸ジエタノールアミド	起泡剤	起泡剤	ミリスタミドDEA
界面活性剤。染毛剤、パーマネントウェーブ用剤ともに起泡剤として配合。	—	—	—
ミリスチン酸セチル	毛髪保護剤	毛髪保護剤	ミリスチン酸セチル
油剤。染毛剤、パーマネントウェーブ用剤ともに毛髪保護剤として配合。	ハリ・コシ・ツヤ・コーティング	同左	—
ミリスチン酸ポリオキシエチレンミリスチルエーテル(3E.O.)	湿潤剤	湿潤剤	ミリスチン酸ミレス-3
界面活性剤。染毛剤、パーマネントウェーブ用剤ともに湿潤剤として配合。	—	—	—
ミリスチン酸ミリスチル	基剤	基剤	ミリスチン酸ミリスチル
ミリスチン酸とミリスチルアルコールから得られる白色の結晶性固体。染毛剤、パーマネントウェーブ用剤ともに基剤として配合。	剤のベース	同左	—
ミリストイルメチル-β-アラニンナトリウム液	起泡剤	起泡剤	ミリストイルメチルアラニンNa
界面活性剤。染毛剤、パーマネントウェーブ用剤ともに起泡剤として配合。アラニンはアミノ酸。	—	—	—
ミリストイルメチルアミノ酢酸ナトリウム	起泡剤	起泡剤	ミリストイルサルコシンNa
界面活性剤。染毛剤、パーマネントウェーブ用剤ともに起泡剤として配合。化粧品では洗浄剤、ヘアコンディショニング剤としての配合も。	—	—	—
ミリストイルメチルタウリンナトリウム	起泡剤	起泡剤	ミリストイルメチルタウリンNa
界面活性剤。染毛剤、パーマネントウェーブ用剤ともに起泡剤として配合。タウリンは動植物、特に軟体動物の肉エキス中に多く存在する。	—	—	—

医薬部外品表示名称	染毛剤	パーマネントウェーブ用剤	化粧品表示名称 (参考)
ミリストイル加水分解コラーゲン液 界面活性剤。染毛剤、パーマネントウェーブ用剤ともに起泡剤として配合。コラーゲンは結合組織中の繊維状たんぱく。	起泡剤 ―	起泡剤	ミリストイル加水分解コラーゲン ―
ミンク油 イタチ科の動物ミンクの皮下脂肪組織から得た淡黄色の脂肪油。オレイン酸、パルミチン、パルミトレン酸の含量が比較的高い。染毛剤、パーマネントウェーブ用剤ともに基剤、毛髪保護剤として配合。	基剤/毛髪保護剤 剤のベース/ハリ・コシ	基剤/毛髪保護剤 同左	ミンク油 ―
ミンク油脂肪酸エチル イタチ科動物ミンクから得たミンク油と脂肪酸の化合物。染毛剤、パーマネントウェーブ用剤ともに湿潤剤、毛髪保護剤として配合。	湿潤剤/毛髪保護剤 ハリ・コシ・ツヤ・コーティング	湿潤剤/毛髪保護剤 同左	ミンク脂肪酸エチル ―
ムクロジエキス ムクロジ科植物ムクロジの果皮から抽出。天然の界面活性剤であるムクロジサポニンを含む。染毛剤、パーマネントウェーブ用剤ともに湿潤剤として配合。	湿潤剤 ―	湿潤剤	ムクロジエキス ―
ムコ多糖体液 ウシ、ブタ、魚から得るムコ多糖類（ヒアルロン酸・コンドロイチン酸ほかのムコ多糖類の水溶液）。パーマネントウェーブ用剤において、湿潤剤として配合。	#N/A ―	湿潤剤	ムコ多糖 ―
メタリン酸ナトリウム カルシウムやマグネシウムなどの金属イオンと強く結びついて捕捉するキレート剤の性質がある。金属イオンによって性能や品質が低下する場合に用いられる成分。染毛剤、パーマネントウェーブ用剤ともに金属封鎖剤として配合。	金属封鎖剤 ミネラルなどを取り込む	金属封鎖剤 同左	メタリン酸Na ―
メチルクロロイソチアゾリノン・メチルイソチアゾリノン液 日本で使用が許可されている防腐剤の1つ。パーマネントウェーブ用剤において、防腐剤として配合。	#N/A ―	防腐剤 微生物の繁殖を防ぐ	メチルクロロイソチアゾリノン、メチルイソチアゾリノン
メチルシクロポリシロキサン 環状ジメチルシロキサン化合物で、無色透明の液体。染毛剤、パーマネントウェーブ用剤ともに毛髪処理剤、毛髪保護剤として配合。制汗製品や、他のオイルと組み合わせてメイクアップ製品、日焼け止め製品にも用いられている。	毛髪処理剤/毛髪保護剤 ハリ・コシ・ツヤ・コーティング	毛髪処理剤/毛髪保護剤 同左	シクロメチコン ―

医薬部外品表示名称	染毛剤	パーマネントウェーブ用剤	化粧品表示名称 (参考)
メチルシロキサン網状重合体 シリコーン系の白色球状粉体。染毛剤において、毛髪処理剤、毛髪保護剤として配合。高い光拡散効果（ソフトフォーカス効果）があり、多くのファンデーションで使われている。	毛髪処理剤/毛髪保護剤 ハリ・コシ・ツヤ・コーティング	#N/A —	ポリメチルシルセスキオキサン —
メチルセルロース 半合成ポリマー。染毛剤、パーマネントウェーブ用剤ともに増粘剤として配合。化粧品では結合剤、乳化剤、乳化安定剤として配合されることがある。	増粘剤 とろみ	増粘剤 同左	メチルセルロース —
メチルハイドロジェンポリシロキサン 直鎖状のモノメチルポリシロキサンで、液状のシリコーン油。染毛剤、パーマネントウェーブ用剤ともに毛髪処理剤、毛髪保護剤として配合。	毛髪処理剤/毛髪保護剤 ハリ・コシ・ツヤ・コーティング	毛髪処理剤/毛髪保護剤 同左	メチコン —
メチルフェニルポリシロキサン シリコーン油の一種で、アルコールに溶ける性質を持つ透明な液状オイル。染毛剤、パーマネントウェーブ用剤ともに毛髪処理剤、毛髪保護剤として配合。	毛髪処理剤/毛髪保護剤 ハリ・コシ・ツヤ・コーティング	毛髪処理剤/毛髪保護剤 同左	フェニルトリメチコン —
メチルポリシロキサン 代表的なシリコーン油の1つ。無色透明な液体。オイルに溶けにくい性質を持つ。染毛剤、パーマネントウェーブ用剤ともに毛髪処理剤、毛髪保護剤として配合。	毛髪処理剤/毛髪保護剤 ハリ・コシ・ツヤ・コーティング	毛髪処理剤/毛髪保護剤 同左	ジメチコン —
メチルポリシロキサンエマルション 代表的なシリコーン油の1つ。乳化エマルジョンにしたもの。染毛剤、パーマネントウェーブ用剤ともに毛髪処理剤、毛髪保護剤として配合。	毛髪処理剤/毛髪保護剤 ハリ・コシ・ツヤ・コーティング	毛髪処理剤/毛髪保護剤 同左	ジメチコン —
メドウフォーム油 リムナンテス科植物メドウフォームの種子から得られる液状オイル。柔軟効果や水分の蒸発を防ぐ効果に優れる。染毛剤、パーマネントウェーブ用剤ともに基剤、毛髪保護剤として配合。	基剤/毛髪保護剤 剤のベース/ハリ・コシ	基剤/毛髪保護剤 同左	メドウフォーム油 —
メトキシエチレン無水マレイン酸共重合体 合成ポリマー。水溶性。染毛剤、パーマネントウェーブ用剤ともに毛髪処理剤、毛髪保護剤として配合。化粧品では皮膜形成剤、乳化安定剤、ヘアスタイリング剤などで配合されることがある。	毛髪処理剤/毛髪保護剤 ハリ・コシ・ツヤ・コーティング	毛髪処理剤/毛髪保護剤 同左	（メチルビニルエーテル/マレイン酸）コポリマー —

医薬部外品表示名称	染毛剤	パーマネントウエーブ用剤	化粧品表示名称(参考)
メリッサエキス シソ科植物コウスイハッカの葉から抽出。成分としてシトラール、リナロールなどの精油、タンニン、フラボノイドなどを含む。染毛剤、パーマネントウェーブ用剤ともに湿潤剤として配合。	湿潤剤 —	湿潤剤 —	メリッサ葉エキス —
モノイソステアリン酸グリセリル 油性成分の高級脂肪酸に、水性成分のグリセリンをつなぎ合わせた成分。比較的油性が強いが、水とも油ともなじむ。染毛剤、パーマネントウェーブ用剤ともに乳化剤、湿潤剤として配合。	乳化剤/湿潤剤 —	乳化剤/湿潤剤 —	イソステアリン酸グリセリル —
モノイソステアリン酸ソルビタン 油性成分の高級脂肪酸と、糖類の一種で水性成分のソルビトールをつなぎ合わせた界面活性剤。染毛剤、パーマネントウェーブ用剤ともに乳化剤として配合。	乳化剤 混ざらないものを化学的に安定させて混ぜる	乳化剤 同左	イソステアリン酸ソルビタン —
モノイソステアリン酸ポリグリセリル 界面活性剤。染毛剤、パーマネントウェーブ用剤ともに乳化剤、湿潤剤として配合。	乳化剤/湿潤剤 —	乳化剤/湿潤剤 —	イソステアリン酸ポリグリセリル-2 —
モノエタノールアミン アルカリ剤。染毛剤、パーマネントウェーブ用剤ともにアルカリ剤、pH調整剤として配合。	アルカリ剤/pH調整剤 —	アルカリ剤/pH調整剤 —	エタノールアミン —
モノエタノールアミン液 モノエタノールアミンの水溶液。パーマネントウェーブ用剤でのみアルカリ剤、pH調整剤として配合されることがある。	#N/A —	アルカリ剤/pH調整剤 —	エタノールアミン —
モノオレイン酸ソルビタン 油性成分の高級脂肪酸と糖類の一種で水性成分のソルビトールをつなぎ合わせた界面活性剤。染毛剤、パーマネントウェーブ用剤ともに乳化剤として配合。	乳化剤 混ざらないものを化学的に安定させて混ぜる	乳化剤 同左	オレイン酸ソルビタン —
モノオレイン酸ポリエチレングリコール 界面活性剤。染毛剤、パーマネントウェーブ用剤ともに乳化剤として配合。オレイン酸は脂肪酸。	乳化剤 混ざらないものを化学的に安定させて混ぜる	乳化剤 同左	オレイン酸PEG-●● (●●には数字が入る)

医薬部外品表示名称	染毛剤	パーマネントウェーブ用剤	化粧品表示名称 (参考)
モノオレイン酸ポリオキシエチレンソルビタン（20E.O.）	乳化剤	乳化剤	ポリソルベート80
油性成分の高級脂肪酸に、水性成分のソルビトール、水溶性成分のポリエチレングリコールをつなぎ合わせた界面活性剤。染毛剤、パーマネントウェーブ用剤ともに乳化剤として配合。	混ざらないものを化学的に安定させて混ぜる	同左	—
モノオレイン酸 ポリオキシエチレンソルビタン（20E.O.）・酢酸セチル・酢酸ラノリンアルコール混合物	乳化剤	乳化剤	ポリソルベート80
油性成分の高級脂肪酸に、水性成分のソルビトール、水溶性成分のポリエチレングリコールと、羊毛脂由来の酢酸ラノリンアルコールなどをつなぎ合わせた界面活性剤。染毛剤、パーマネントウェーブ用剤ともに乳化剤として配合。	混ざらないものを化学的に安定させて混ぜる	同左	—
モノオレイン酸ポリオキシエチレンソルビタン（6E.O.）	乳化剤	乳化剤	オレイン酸PEG-6ソルビタン
界面活性剤。染毛剤、パーマネントウェーブ用剤ともに乳化剤として配合。オレイン酸は脂肪酸。	混ざらないものを化学的に安定させて混ぜる	同左	—
モノオレイン酸ポリグリセリル	乳化剤/湿潤剤	乳化剤/湿潤剤	オレイン酸ポリグリセリル-●●（●●には数字が入る）
界面活性剤。染毛剤、パーマネントウェーブ用剤ともに乳化剤、湿潤剤として配合。	混ざらないものを化学的に安定させて混ぜる	同左	—
モノステアリン酸エチレングリコール	乳化剤	乳化剤	ステアリン酸グリコール
ステアリン酸とグリコールのモノエステル。乳化力は小さいが、他の油性原料との配合で親水性を増す。染毛剤、パーマネントウェーブ用剤ともに乳化剤として配合。	混ざらないものを化学的に安定させて混ぜる	同左	—
モノステアリン酸グリセリン	#N/A	乳化剤/毛髪処理剤	ステアリン酸グリセリル
ステアリン酸とグリセリンのモノエステル。パーマネントウェーブ用剤において、乳化剤、毛髪処理剤として配合。	—	—	—
モノステアリン酸ソルビタン	乳化剤	乳化剤	ステアリン酸ソルビタン
油性成分の高級脂肪酸と、糖類の一種で水性成分のソルビトールをつなぎ合わせた界面活性剤。染毛剤、パーマネントウェーブ用剤ともに乳化剤として配合。	混ざらないものを化学的に安定させて混ぜる	同左	—
モノステアリン酸プロピレングリコール	乳化剤	乳化剤	ステアリン酸PG
界面活性剤。乳化力は小さいが、油脂、ロウなどの油性原料に配合することで親水性を増し、界面膜の状態を変えることで安定性を調整する。染毛剤、パーマネントウェーブ用剤ともに乳化剤として配合。	混ざらないものを化学的に安定させて混ぜる	同左	—

医薬部外品表示名称	染毛剤	パーマネントウェーブ用剤	化粧品表示名称（参考）
モノステアリン酸ポリエチレングリコール 油性成分のステアリン酸に、水性成分のポリエチレングリコールをつなぎ合わせた界面活性剤。染毛剤、パーマネントウェーブ用剤ともに乳化剤として配合。	乳化剤 混ざらないものを化学的に安定させて混ぜる	乳化剤 同左	ステアリン酸PEG-●● （●●には数字が入る） —
モノステアリン酸ポリオキシエチレングリセリル 界面活性剤。水への分散力、界面張力、乳化力、起泡力、浸透力などに優れ、単独またはほかの界面活性剤と組み合わせて広く使用されている。染毛剤、パーマネントウェーブ用剤ともに乳化剤として配合。	乳化剤 混ざらないものを化学的に安定させて混ぜる	乳化剤 同左	ステアリン酸PEG-●●グリセリル （●●には数字が入る） —
モノステアリン酸ポリオキシエチレンソルビタン 油性成分の高級脂肪酸に、水性成分のソルビトール、水溶性成分のポリエチレングリコールをつなぎ合わせた界面活性剤。染毛剤、パーマネントウェーブ用剤ともに乳化剤として配合。	乳化剤 混ざらないものを化学的に安定させて混ぜる	乳化剤 同左	ポリソルベート60 —
モノステアリン酸ポリグリセリル 界面活性剤。染毛剤、パーマネントウェーブ用剤ともに乳化剤として配合。ステアリン酸は脂肪酸。	乳化剤 混ざらないものを化学的に安定させて混ぜる	乳化剤 同左	ステアリン酸ポリグリセリル-●● （●●には数字が入る） —
モノニトログアヤコール 南米産ハマビシ科植物リグナムバイタの樹脂であるグアヤク樹脂（グアヤク脂）に含まれる、グアヤコールの化合物。染毛剤、パーマネントウェーブ用剤ともに、着香剤として配合。	着色剤 —	着色剤 —	4-ニトログアヤコール —
モノニトログアヤコールナトリウム モノニトログアヤコールをナトリウムで化学的に安定させた成分。染毛剤、パーマネントウェーブ用剤ともに、着香剤として配合。	着色剤 —	着色剤 —	ニトログアヤコールNa —
モノパルミチン酸ソルビタン 油性成分の高級脂肪酸と、糖類の一種で水性成分のソルビトールをつなぎ合わせた界面活性剤。染毛剤、パーマネントウェーブ用剤ともに乳化剤として配合。	乳化剤 混ざらないものを化学的に安定させて混ぜる	乳化剤 同左	パルミチン酸ソルビタン —
モノパルミチン酸ポリオキシエチレンソルビタン（20E.O.） 油性成分の高級脂肪酸に、水性成分のソルビトール、水溶性成分のポリエチレングリコールをつなぎ合わせた界面活性剤。染毛剤、パーマネントウェーブ用剤ともに乳化剤として配合。	乳化剤 混ざらないものを化学的に安定させて混ぜる	乳化剤 同左	ポリソルベート40 —

医薬部外品表示名称	染毛剤	パーマネントウエーブ用剤	化粧品表示名称（参考）
モノミリスチン酸デカグリセリル 界面活性剤。染毛剤、パーマネントウェーブ用剤ともに乳化剤、湿潤剤として配合。化粧品では皮膚コンディショニング剤として配合されることがある。	乳化剤/湿潤剤 混ざらないものを化学的に安定させて混ぜる	乳化剤/湿潤剤 同左	ミリスチン酸ポリグリセリル-●● （●●には数字が入る） —
モノラウリン酸グリセリル ラウリン酸とグリセリンのモノエステル。染毛剤、パーマネントウェーブ用剤ともに乳化剤、湿潤剤として配合。石鹸、歯磨きの柔軟剤などにも用いられる。	乳化剤/湿潤剤 混ざらないものを化学的に安定させて混ぜる	乳化剤/湿潤剤 同左	ラウリン酸グリセリル —
モノラウリン酸ソルビタン ラウリン酸とソルビトールのモノエステル。染毛剤、パーマネントウェーブ用剤ともに乳化剤として配合。	乳化剤 混ざらないものを化学的に安定させて混ぜる	乳化剤 同左	ラウリン酸ソルビタン —
モノラウリン酸ポリエチレングリコール ポリエチレングリコールのラウリン酸エステルからなる界面活性剤。染毛剤、パーマネントウェーブ用剤ともに乳化剤として配合。	乳化剤 混ざらないものを化学的に安定させて混ぜる	乳化剤 同左	ラウリン酸PEG-●● （●●には数字が入る） —
モノラウリン酸ポリオキシエチレンソルビタン（20E.O.） 油性成分の高級脂肪酸に、水性成分のソルビトール、水溶性成分のポリエチレングリコールをつなぎ合わせた界面活性剤。染毛剤、パーマネントウェーブ用剤ともに乳化剤として配合。	乳化剤 混ざらないものを化学的に安定させて混ぜる	乳化剤 同左	ポリソルベート20 —
モノラウリン酸ポリグリセリル 界面活性剤。染毛剤、パーマネントウェーブ用剤ともに乳化剤として配合。化粧品ではエモリエント剤や皮膚コンディショニング剤として配合されることがある。	乳化剤 混ざらないものを化学的に安定させて混ぜる	乳化剤 同左	ラウリン酸ポリグリセリル-●● （●●には数字が入る） —
モモ果汁 バラ科植物モモの果実から抽出。染毛剤、パーマネントウェーブ用剤ともに湿潤剤として配合。化粧品では皮膚コンディショニング剤として配合されることがある。	湿潤剤 —	湿潤剤 —	モモ果汁 —
モモ葉エキス バラ科植物モモの葉から抽出。成分はタンニン、ニトリル配糖体。染毛剤、パーマネントウェーブ用剤ともに湿潤剤として配合。	湿潤剤	湿潤剤	モモ葉エキス

医薬部外品表示名称	染毛剤	パーマネントウエーブ用剤	化粧品表示名称 [参考]
ヤグルマギクエキス キク科植物ヤグルマギクの花から抽出。成分はアントシアニン、アントシアニジン誘導体、クマリン誘導体など。染毛剤、パーマネントウェーブ用剤ともに湿潤剤として配合。	湿潤剤 ―	湿潤剤 ―	ヤグルマギク花エキス ―
ヤシ油 ココヤシの種子から得られるペースト状の油性成分。溶ける・固まるの境目の温度（融点）が室温程度のため、適度な硬さが調節でき、やわらかく感触のよい油として汎用性が高い。染毛剤、パーマネントウェーブ用剤ともに基剤、毛髪保護剤として配合。	基剤/毛髪保護剤 剤のベース/ハリ・コシ	基剤/毛髪保護剤 同左	ヤシ油 ―
ヤシ油アルキルジメチルアミンオキシド液 界面活性剤。染毛剤、パーマネントウェーブ用剤ともに、乳化剤、乳化助剤、起泡剤として配合。化粧品では洗浄剤、界面活性助剤、ヘアコンディショニング剤として配合されることがある。	乳化剤/乳化助剤/起泡剤 ―	乳化剤/乳化助剤/起泡剤 ―	ココアミンオキシド ―
ヤシ油アルキルベタイン液 界面活性剤。ベタインは天然のアミノ酸系物質だが、界面活性剤の原料の同型化合物もベタインという。染毛剤、パーマネントウェーブ用剤ともに、乳化剤、乳化助剤、起泡剤として配合。	乳化剤/乳化助剤/起泡剤 ―	乳化剤/乳化助剤/起泡剤 ―	ココベタイン ―
ヤシ油アルキル硫酸マグネシウム・トリエタノールアミン液 界面活性剤。染毛剤、パーマネントウェーブ用剤ともに起泡剤、乳化剤として配合。化粧品では洗浄剤として配合されることがある。	起泡剤/乳化剤 ―	起泡剤/乳化剤 ―	ココアルキル硫酸（Mg/TEA） ―
ヤシ油脂肪酸 ココヤシの種子から得られる油脂を分解または合成してつくる油性成分。染毛剤、パーマネントウェーブ用剤ともに起泡剤として配合。	起泡剤 ―	起泡剤 ―	ヤシ脂肪酸 ―
ヤシ油脂肪酸アミドプロピルベタイン液 界面活性剤。染毛剤、パーマネントウェーブ用剤ともに、乳化剤、乳化助剤、起泡剤として配合。トリートメント効果の高い製品に配合されることが多い。	乳化剤/乳化助剤/起泡剤 ―	乳化剤/乳化助剤/起泡剤 ―	ココアミドプロピルベタイン ―
ヤシ油脂肪酸エチルエステルスルホン酸ナトリウム 界面活性剤。染毛剤、パーマネントウェーブ用剤ともに起泡剤、乳化剤として配合。化粧品では洗浄剤として使われることも。	起泡剤/乳化剤 ―	起泡剤/乳化剤 ―	ココイルイセチオン酸Na ―

医薬部外品表示名称	染毛剤	パーマネントウェーブ用剤	化粧品表示名称 [参考]
ヤシ油脂肪酸カリウム ヤシ油脂肪酸と水酸化カリウムとの中和反応、もしくは油脂を水酸化カリウムで加水分解してつくられる界面活性剤。一般に「石鹸」と呼ばれる成分。染毛剤、パーマネントウェーブ用剤ともに起泡剤、乳化剤として配合。	起泡剤/乳化剤 —	起泡剤/乳化剤 —	ヤシ脂肪酸K —
ヤシ油脂肪酸カリウム液 ヤシ油脂肪酸カリウムの水溶液。染毛剤、パーマネントウェーブ用剤ともに起泡剤、乳化剤として配合。	起泡剤/乳化剤 —	起泡剤/乳化剤 —	ヤシ脂肪酸K —
ヤシ油脂肪酸グリセリル 油性成分のヤシ油脂肪酸に、水性成分のグリセリンをつなぎ合わせた成分。染毛剤、パーマネントウェーブ用剤ともに乳化剤として配合。	乳化剤 混ざらないものを化学的安定に混ぜる	乳化剤 同左	ヤシ脂肪酸グリセリル —
ヤシ油脂肪酸サルコシン ヤシ油脂肪酸とサルコシンをつなぎ合わせた成分。染毛剤、パーマネントウェーブ用剤ともに起泡剤、乳化剤として配合。	起泡剤/乳化剤 —	起泡剤/乳化剤 —	ココイルサルコシン —
ヤシ油脂肪酸サルコシントリエタノールアミン アミノ酸系○○、と呼ばれることもある界面活性剤。染毛剤、パーマネントウェーブ用剤ともに起泡剤、乳化剤として配合。	起泡剤/乳化剤 —	起泡剤/乳化剤 —	ココイルサルコシンTEA —
ヤシ油脂肪酸サルコシンナトリウム液 アミノ酸系○○、と呼ばれることもある界面活性剤。染毛剤、パーマネントウェーブ用剤ともに起泡剤、乳化剤として配合。	起泡剤/乳化剤 —	起泡剤/乳化剤 —	ココイルサルコシンNa —
ヤシ油脂肪酸ジエタノールアミド ヤシ脂肪酸のジエタノールアミドを縮合して得られる洗浄成分。染毛剤、パーマネントウェーブ用剤ともに起泡剤として配合。	起泡剤 —	起泡剤 —	コカミドDEA —
ヤシ油脂肪酸ジエタノールアミド（２） ヤシ脂肪酸のジエタノールアミドを縮合して得られる洗浄成分。ヤシ油脂肪酸ジエタノールアミドに、さらにジエタノールアミンが結合したもの。染毛剤、パーマネントウェーブ用剤ともに起泡剤として配合。	起泡剤 —	起泡剤 —	コカミドDEA（1:2） —

医薬部外品表示名称	染毛剤	パーマネントウエーブ用剤	化粧品表示名称 (参考)
ヤシ油脂肪酸ショ糖エステル	乳化剤	乳化剤	ヤシ脂肪酸スクロース
界面活性剤。スクロースはショ糖。染毛剤、パーマネントウェーブ用剤ともに乳化剤として配合。	混ざらないものを化学的安定に混ぜる	同左	—
ヤシ油脂肪酸ソルビタン	乳化剤	乳化剤	ヤシ脂肪酸ソルビタン
油性成分の高級脂肪酸と、糖類の一種で水性成分のソルビトールをつなぎ合わせた界面活性剤。染毛剤、パーマネントウェーブ用剤ともに乳化剤として配合。	混ざらないものを化学的安定に混ぜる	同左	—
ヤシ油脂肪酸トリエタノールアミン液	起泡剤/乳化剤	起泡剤/乳化剤	ヤシ脂肪酸TEA
油性成分の高級脂肪酸と、脂肪酸と反応して石鹸になる有機アルカリ剤トリエタノールアミン液をつなぎ合わせた界面活性剤。一般に「石鹸」と呼ばれる成分。染毛剤、パーマネントウェーブ用剤ともに起泡剤、乳化剤として配合。	混ざらないものを化学的安定に混ぜる	同左	—
ヤシ油脂肪酸ナトリウム	#N/A	起泡剤	ヤシ脂肪酸Na
高級脂肪酸と水酸化ナトリウムとの中和反応、もしくは油脂を水酸化ナトリウムで加水分解してつくられるアニオン界面活性剤。一般に「石鹸」と呼ばれる成分。パーマネントウェーブ用剤において、起泡剤として配合。	—	—	—
ヤシ油脂肪酸メチルアラニンナトリウム液	起泡剤/乳化剤	起泡剤/乳化剤	ココイルメチルアラニンNa
アミノ酸系○○、と呼ばれることもある界面活性剤。染毛剤、パーマネントウェーブ用剤ともに起泡剤、乳化剤として配合。	—	—	—
ヤシ油脂肪酸メチルタウリンカリウム液	起泡剤/乳化剤	起泡剤/乳化剤	ココイルメチルタウリンK
アミノ酸系○○、と呼ばれることもある界面活性剤。タウリンは牛の胆汁や軟体動物などに含まれている、アミノ酸に似た物質。染毛剤、パーマネントウェーブ用剤ともに起泡剤、乳化剤として配合。	—	—	—
ヤシ油脂肪酸メチルタウリンナトリウム	起泡剤/乳化剤	起泡剤/乳化剤	ココイルメチルタウリンNa
ヤシ油とタウリン誘導体で構成される界面活性剤。染毛剤、パーマネントウェーブ用剤ともに起泡剤、乳化剤として配合。	—	—	—
ヤシ油脂肪酸モノエタノールアミド	起泡剤	起泡剤	コカミドMEA
白色固形の界面活性剤。増粘効果や増泡効果、泡安定効果に優れる。パール光沢助剤としても優れている。染毛剤、パーマネントウェーブ用剤ともに起泡剤として配合。	—	—	—

医薬部外品表示名称	染毛剤	パーマネントウェーブ用剤	化粧品表示名称（参考）
ヤシ油脂肪酸加水分解コラーゲンカリウム 界面活性剤。加水分解コラーゲン（コラーゲンPPT）とヤシ脂肪酸クロライド（天然脂肪酸）の縮合物と、カリウムとの化合物。染毛剤、パーマネントウェーブ用剤ともに起泡剤、乳化剤として配合。	起泡剤/乳化剤 —	起泡剤/乳化剤 —	ココイル加水分解コラーゲンK —
ヤシ油脂肪酸加水分解コラーゲンカリウム液 界面活性剤。ヤシ油脂肪酸加水分解コラーゲンカリウムの水溶液。染毛剤、パーマネントウェーブ用剤ともに起泡剤、乳化剤として配合。	起泡剤/乳化剤 —	起泡剤/乳化剤 —	ココイル加水分解コラーゲンK —
ヤシ油脂肪酸加水分解コラーゲントリエタノールアミン液 界面活性剤。加水分解コラーゲン（コラーゲンPPT）とヤシ脂肪酸クロライド（天然脂肪酸）の縮合物と、トリエタノールアミン（有機アルカリ剤。脂肪酸と反応して石鹸になる）の化合物を液化したもの。染毛剤、パーマネントウェーブ用剤ともに起泡剤、乳化剤として配合。	起泡剤/乳化剤 —	起泡剤/乳化剤 —	ココイル加水分解コラーゲンTEA —
ヤシ油脂肪酸加水分解コラーゲンナトリウム 界面活性剤。加水分解コラーゲン（コラーゲンPPT）とヤシ脂肪酸クロライド（天然脂肪酸）の縮合物に、水酸化ナトリウムを反応させたもの。染毛剤、パーマネントウェーブ用剤ともに起泡剤、乳化剤として配合。	起泡剤/乳化剤 —	起泡剤/乳化剤 —	ココイル加水分解コラーゲンNa —
ヤシ油脂肪酸加水分解コラーゲン液 界面活性剤。加水分解コラーゲン（コラーゲンPPT）とヤシ脂肪酸クロライド（天然脂肪酸）の縮合物を液化したもの。染毛剤、パーマネントウェーブ用剤ともに起泡剤、乳化剤として配合。	起泡剤/乳化剤 —	起泡剤/乳化剤 —	ココイル加水分解コラーゲン —
ユーカリエキス フトモモ科植物ユーカリノキの葉から抽出。成分は精油、タンニンなど。染毛剤、パーマネントウェーブ用剤ともに湿潤剤として配合。	湿潤剤 —	湿潤剤 —	ユーカリ葉エキス —
ユーカリ油 フトモモ科植物ユーカリノキの葉から抽出。染毛剤、パーマネントウェーブ用剤ともに、基剤、毛髪保護剤、着香剤として配合。	基剤/毛髪保護剤/着香剤 剤のベース/ハリ・コシ	基剤/毛髪保護剤/着香剤 同左	ユーカリ葉油 —
ユリエキス マドンナリリーの球根から抽出。色素成分アントシアニン、酵素オキシダーゼ、デンプンなどを含む。染毛剤、パーマネントウェーブ用剤ともに湿潤剤として配合。	湿潤剤 —	湿潤剤 —	マドンナリリー根エキス —

医薬部外品表示名称	染毛剤	パーマネントウェーブ用剤	化粧品表示名称 (参考)
ヨウ化ニンニクエキス	湿潤剤	湿潤剤	ヨウ化ニンニクエキス
ユリ科植物ニンニクの茎から抽出したエキスにヨウ素やエタノールを加えて精製。染毛剤、パーマネントウェーブ用剤ともに湿潤剤として配合。	—	—	—
ヨウ化パラジメチルアミノスチリルヘプチルメチルチアゾリウム	防腐剤	防腐剤	ヨウ化ジメチルアミノスチリルヘプチルメチルチアゾリウム
染毛剤、パーマネントウェーブ剤ともに防腐剤として配合。化粧品では酸化防止剤、着色剤として配合されることも。	微生物の繁殖を防ぐ	同左	
ヨクイニンエキス	湿潤剤	湿潤剤	ハトムギ種子エキス
イネ科植物ハトムギの種子から抽出したヨクイニンエキスの粉体。民間では「イボ取り」の効果で有名。染毛剤、パーマネントウェーブ用剤ともに湿潤剤として配合。	—	—	—
ヨクイニン末	湿潤剤	湿潤剤	ヨクイニン
イネ科植物ハトムギの実から抽出。染毛剤、パーマネントウェーブ用剤ともに湿潤剤として配合。	—	—	—
ヨモギエキス	湿潤剤	湿潤剤	ヨモギ葉エキス
キク科植物ヨモギの葉から抽出。成分としてシネオール、ツヨンなどの精油、タンニン、アブシンチン、ビタミン類を含む。染毛剤、パーマネントウェーブ用剤ともに湿潤剤として配合。	—	—	—
ラウリルアミノジプロピオン酸ナトリウム液	起泡剤	起泡剤	ラウリミノジプロピオン酸Na
界面活性剤。低刺激でコンディショニング性に優れる。染毛剤、パーマネントウェーブ用剤ともに起泡剤として配合。	—	—	—
ラウリルアミノプロピオン酸液	起泡剤	起泡剤	ラウラミノプロピオン酸
合成界面活性剤。起泡剤として配合。染毛剤、パーマネントウェーブ用剤ともに起泡剤として配合。プロピオン酸は低分子の脂肪酸で、水に溶ける性質を持つ。	—	—	—
ラウリルアルコール	基剤	基剤	ラウリルアルコール
ラウリン酸を還元するか、エチレンと合成して得られる。ラウリン酸はヤシ油に多いため、製造原料としてヤシ油が用いられる。染毛剤、パーマネントウェーブ用剤ともに基剤として配合。	剤のベース	同左	

医薬部外品表示名称	染毛剤	パーマネントウエーブ用剤	化粧品表示名称 (参考)
ラウリルジアミノエチルグリシンナトリウム液 界面活性剤。染毛剤、パーマネントウェーブ用剤ともに起泡剤、乳化剤として配合。グリシンはアミノ酸。	起泡剤/乳化剤 —	起泡剤/乳化剤 —	ラウリルジアミノエチルグリシンNa —
ラウリルジメチルアミノ酢酸ベタイン 界面活性剤の代表的な原料の1つ。水によく溶け、幅広いpHで安定性が高く、低刺激性、増粘効果、泡立ちをよくするなどの特徴を持つ。染毛剤、パーマネントウェーブ用剤ともに起泡剤として配合。	起泡剤 —	起泡剤 —	ラウリルベタイン —
ラウリルジメチルアミンオキシド液 界面活性剤。染毛剤、パーマネントウェーブ用剤ともに起泡剤として配合。化粧品では香料、ヘアコンディショニング剤などとして配合されることがある。	起泡剤 —	起泡剤 —	ラウラミンオキシド —
ラウリルスルホ酢酸ナトリウム 界面活性剤。染毛剤、パーマネントウェーブ用剤ともに起泡剤として配合。化粧品では洗浄剤として配合されることがある。	起泡剤 —	起泡剤 —	ラウリルスルホ酢酸Na —
ラウリルリン酸 染毛剤、パーマネントウェーブ用剤ともに乳化剤として配合。	乳化剤 混ざらないものを化学的安定に混ぜる	乳化剤 同左	ラウリルリン酸 —
ラウリルリン酸ナトリウム（1） 界面活性剤。染毛剤、パーマネントウェーブ用剤ともに乳化剤として配合。化粧品では洗浄剤としても配合される。	乳化剤 混ざらないものを化学的安定に混ぜる	乳化剤 同左	ラウリルリン酸Na —
ラウリルリン酸ナトリウム（2） 界面活性剤。染毛剤、パーマネントウェーブ用剤ともに乳化剤として配合。	乳化剤 混ざらないものを化学的安定に混ぜる	乳化剤 同左	ラウリルリン酸2Na —
ラウリル硫酸アンモニウム 界面活性剤。染毛剤、パーマネントウェーブ用剤ともに乳化剤として配合。染毛剤・パーマネントウェーブ剤用ともに起泡剤、乳化剤として配合。	起泡剤/乳化剤 —	起泡剤/乳化剤 —	ラウリル硫酸アンモニウム —

ア行　カ行　サ行　タ行　ナ行　ハ行　マ行　ヤ行　ラ行　ワ行　漢字　英字　数字

医薬部外品表示名称	染毛剤	パーマネントウェーブ用剤	化粧品表示名称（参考）
ラウリル硫酸カリウム	起泡剤/乳化剤	起泡剤/乳化剤	ラウリル硫酸K
界面活性剤。染毛剤、パーマネントウェーブ用剤ともに起泡剤、乳化剤として配合。	—	—	—
ラウリル硫酸ジエタノールアミン	起泡剤/乳化剤	起泡剤/乳化剤	ラウリル硫酸DEA
界面活性剤。染毛剤、パーマネントウェーブ用剤ともに起泡剤、乳化剤として配合。シャンプーの基剤として使われている。	—	—	—
ラウリル硫酸トリエタノールアミン	起泡剤/乳化剤	起泡剤/乳化剤	ラウリル硫酸TEA
界面活性剤。油汚れに対して非常に優れた洗浄力があり、泡立ちもよい。皮膚や毛髪に対する作用は温和。染毛剤、パーマネントウェーブ用剤ともに起泡剤、乳化剤として配合。	—	—	—
ラウリル硫酸ナトリウム	起泡剤/乳化剤	起泡剤/乳化剤	ラウリル硫酸Na
界面活性剤の代表的な成分で、古くから使われている。泡立ちがよいので、シャンプーなどの洗浄料にも使われている。染毛剤、パーマネントウェーブ用剤ともに起泡剤、乳化剤として配合。	—	—	—
ラウリル硫酸モノエタノールアミン	起泡剤/乳化剤	起泡剤/乳化剤	ラウリル硫酸MEA
界面活性剤。染毛剤、パーマネントウェーブ用剤ともに起泡剤、乳化剤として配合。	—	—	—
ラウリン酸	起泡剤	起泡剤	ラウリン酸
高級脂肪酸類。動植物から得られる油脂を分解するか、合成によってつくられる油性成分。染毛剤、パーマネントウェーブ用剤ともに起泡剤として配合。	—	—	—
ラウリン酸アミドプロピルベタイン液	乳化剤/乳化助剤/起泡剤	乳化剤/乳化助剤/起泡剤	ラウラミドプロピルベタイン
界面活性剤の水溶液。染毛剤、パーマネントウェーブ用剤ともに、乳化剤、乳化助剤、起泡剤として配合。帯電防止効果や洗浄効果もある。	—	—	—
ラウリン酸カリウム	起泡剤/乳化剤	起泡剤/乳化剤	ラウリン酸K
高級脂肪酸と水酸化カリウムとの中和反応、もしくは油脂を水酸化カリウムで加水分解してつくられる界面活性剤。一般に「石鹸」と呼ばれる成分。染毛剤、パーマネントウェーブ用剤ともに起泡剤、乳化剤として配合。	—	—	—

医薬部外品表示名称	染毛剤	パーマネントウエーブ用剤	化粧品表示名称 (参考)
ラウリン酸ジエタノールアミド	起泡剤	起泡剤	ラウラミドDEA
ラウリン酸のジエタノールアミドの縮合物からなる白色固形の界面活性剤。染毛剤、パーマネントウェーブ用剤ともに起泡剤として配合。	—	—	
ラウリン酸トリエタノールアミン液	#N/A	起泡剤	ラウリン酸TEA
石鹸、洗浄剤、発泡剤。パーマネントウェーブ用剤に起泡剤として配合。トリエタノールアミン（TEA）は有機アルカリ剤で、脂肪酸と反応して石鹸になる。	—	—	
ラウリン酸プロピレングリコール	乳化剤/湿潤剤	乳化剤/湿潤剤	ラウリン酸PG
界面活性剤。染毛剤、パーマネントウェーブ用剤ともに起泡剤、乳化剤として配合。	—	—	
ラウリン酸ヘキシル	湿潤剤	湿潤剤	ラウリン酸ヘキシル
ラウリン酸と、η-ヘキシルアルコールから得られる微黄色透明の液体。クリームや乳液の油性成分として、皮膚刺激の少ない原料としても使用されている。染毛剤、パーマネントウェーブ用剤ともに湿潤剤として配合。	—	—	
ラウリン酸ポリオキシエチレングリセリル	乳化剤/湿潤剤	乳化剤/湿潤剤	ラウリン酸PEG-●●グリセリル（●●には数字が入る）
界面活性剤。染毛剤、パーマネントウェーブ用剤ともに起泡剤、乳化剤として配合。化粧品では可溶化剤の役割も。	—	—	
ラウリン酸モノイソプロパノールアミド	起泡剤	起泡剤	ラウラミドMIPA
界面活性剤。染毛剤、パーマネントウェーブ用剤ともに起泡剤として配合。化粧品では増泡剤、泡安定剤の役割も。	—	—	
ラウリン酸モノエタノールアミド	起泡剤	起泡剤	ラウラミドMEA
界面活性剤。染毛剤、パーマネントウェーブ用剤ともに起泡剤として配合。化粧品ではパール剤の役割もあり、洗浄剤に混ぜれば起泡・洗浄・分散性が高まる。	—	—	
ラウリン酸加水分解コラーゲンナトリウム液	起泡剤/乳化剤/毛髪保護剤	起泡剤/乳化剤/毛髪保護剤	ラウロイル加水分解コラーゲンNa
界面活性剤。染毛剤、パーマネントウェーブ用剤ともに、起泡剤、乳化剤、毛髪保護剤として配合。コラーゲンはエラスチンとともに動物の結合組織をつくる構成たんぱく。	—	—	

医薬部外品表示名称	染毛剤	パーマネントウェーブ用剤	化粧品表示名称(参考)
ラウロイル-L-グルタミン酸トリエタノールアミン液 アミノ酸系○○、と呼ばれることもある界面活性剤。染毛剤、パーマネントウェーブ用剤ともに起泡剤、乳化剤として配合。	起泡剤/乳化剤 —	起泡剤/乳化剤 —	ラウロイルグルタミン酸TEA —
ラウロイルグルタミン酸ジオクチルドデシル ラウロイルグルタミン酸とオクチルドデカノールのジエステル。染毛剤、パーマネントウェーブ用剤ともに湿潤剤、毛髪保護剤として配合。	湿潤剤/毛髪保護剤 ハリ・コシ・ツヤ・コーティング	湿潤剤/毛髪保護剤 同左	ラウロイルグルタミン酸ジオクチルドデシル —
ラウロイルグルタミン酸ポリオキシエチレンオクチルドデシルエーテルジエステル 油脂またはエステル。染毛剤、パーマネントウェーブ用剤ともに湿潤剤、毛髪保護剤として配合。グルタミン酸はアミノ酸。	湿潤剤/毛髪保護剤 ハリ・コシ・ツヤ・コーティング	湿潤剤/毛髪保護剤 同左	ラウロイルグルタミン酸ジオクチルドデセス-●● (●●には数字が入る)
ラウロイルグルタミン酸 ポリオキシエチレンステアリルエーテルジエステル 油脂またはエステル。染毛剤、パーマネントウェーブ用剤ともに湿潤剤、毛髪保護剤として配合。	湿潤剤/毛髪保護剤 ハリ・コシ・ツヤ・コーティング	湿潤剤/毛髪保護剤 同左	ラウロイルグルタミン酸ジステアレス-● (●●には数字が入る) —
ラウロイルサルコシン 界面活性剤。アミノ酸の一種であるサルコシンとラウリン酸との縮合物。染毛剤、パーマネントウェーブ用剤ともに起泡剤、乳化剤として配合。サルコシンはたんぱくをつくらないアミノ酸。	起泡剤/乳化剤 —	起泡剤/乳化剤 —	ラウロイルサルコシン —
ラウロイルサルコシントリエタノールアミン液 界面活性剤。ラウロイルサルコシンと、トリエタノールアミン(有機アルカリ剤。脂肪酸と反応して石鹸になる)の化合物の水溶液。染毛剤、パーマネントウェーブ用剤ともに起泡剤、乳化剤として配合。	起泡剤/乳化剤 —	起泡剤/乳化剤 —	ラウロイルサルコシンTEA —
ラウロイルサルコシンナトリウム アミノ酸の一種であるサルコシンとラウリン酸との縮合物と、ナトリウムを反応させたもの。湿潤性に優れた界面活性剤。染毛剤、パーマネントウェーブ用剤ともに起泡剤、乳化剤として配合。	起泡剤/乳化剤 —	起泡剤/乳化剤 —	ラウロイルサルコシンNa —
ラウロイルメチル-β-アラニンナトリウム液 界面活性剤。アミノ酸の1つであるアラニンと、脂肪酸の1つであるラウリン酸との縮合物に、水酸化ナトリウムを反応させたもの。染毛剤、パーマネントウェーブ用剤ともに起泡剤、乳化剤として配合。	起泡剤/乳化剤 —	起泡剤/乳化剤 —	ラウロイルメチルアラニンNa —

医薬部外品表示名称	染毛剤	パーマネントウェーブ用剤	化粧品表示名称（参考）
ラウロイルメチルタウリンナトリウム 脂肪酸の1つであるラウリン酸と、アミノ酸の1つであるアラニンをメチル化（化学反応の一種）したメチルアラニンとの縮合物に、ナトリウムを反応させたもの。染毛剤、パーマネントウェーブ用剤ともに起泡剤、乳化剤として配合。	起泡剤/乳化剤 —	起泡剤/乳化剤 —	ラウロイルメチルタウリンNa —
ラウロイルメチルタウリンナトリウム液 ラウロイルメチルタウリンナトリウムの水溶液。染毛剤、パーマネントウェーブ用剤ともに起泡剤、乳化剤として配合。界面活性剤。	起泡剤/乳化剤 —	起泡剤/乳化剤 —	ラウロイルメチルタウリンNa —
ラウロイル加水分解シルクナトリウム液 界面活性剤。湿潤剤、毛髪保護剤として配合。染毛剤、パーマネントウェーブ用剤ともに湿潤剤、毛髪保護剤として配合。	湿潤剤/毛髪保護剤 ハリ・コシ・ツヤ・コーティング	湿潤剤/毛髪保護剤 同左	ラウロイル加水分解シルクNa
ラッカセイ油 マメ科植物ラッカセイの種子を圧搾して得られる淡黄色の液体油脂。主成分はオレイン酸、リノール酸。染毛剤、パーマネントウェーブ用剤ともに基剤、毛髪保護剤として配合。	基剤/毛髪保護剤 剤のベース/ハリ・コシ	基剤/毛髪保護剤 同左	ピーナッツ油 —
ラノステロール 油剤。ラノリンアルコールから得たステロール系の脂。粉体。染毛剤、パーマネントウェーブ用剤ともに毛髪保護剤として配合。	毛髪保護剤 ハリ・コシ・ツヤ・コーティング	毛髪保護剤 同左	ラノステロール —
ラノリン 羊の皮脂分泌物から採集したオイル。粘性がありクリーム状。水分の蒸発を防ぐ。染毛剤、パーマネントウェーブ用剤ともに毛髪保護剤として配合。	毛髪保護剤 ハリ・コシ・ツヤ・コーティング	毛髪保護剤 同左	ラノリン —
ラノリンアルコール ラノリンをけん化（アルカリで加水分解）して得られる高級アルコールと、コレステロールなどの脂肪族アルコールの混合物からなるオイル。染毛剤、パーマネントウェーブ用剤ともに毛髪保護剤として配合。	毛髪保護剤 ハリ・コシ・ツヤ・コーティング	毛髪保護剤 同左	ラノリンアルコール —
ラノリン脂肪酸 羊毛脂であるラノリンをけん化（アルカリで加水分解）すると、ラノリンアルコールとラノリン脂肪酸ができる。白色〜淡黄色のペースト状の物質。染毛剤、パーマネントウェーブ用剤ともに毛髪保護剤として配合。	毛髪保護剤 ハリ・コシ・ツヤ・コーティング	毛髪保護剤 同左	ラノリン脂肪酸 —

医薬部外品表示名称	染毛剤	パーマネントウエーブ用剤	化粧品表示名称（参考）
ラノリン脂肪酸イソプロピル	湿潤剤	湿潤剤	ラノリン脂肪酸イソプロピル
ラノリンをケン化分解して得たラノリン脂肪酸とイソプロピルアルコールとのエステル（化合物の一種）。染毛剤、パーマネントウェーブ用剤ともに湿潤剤として配合。	—	—	—
ラノリン脂肪酸オクチルドデシル	基剤/毛髪保護剤	基剤/毛髪保護剤	ラノリン脂肪酸オクチルドデシル
ラノリン脂肪酸と、無色透明で液体状の高級アルコールであるオクチルドデカノールのエステル（化合物の一種）。油剤。染毛剤、パーマネントウェーブ用剤ともに基剤、毛髪保護剤として配合。	剤のベース/ハリ・コシ	同左	—
ラノリン脂肪酸ジエタノールアミド	起泡剤	起泡剤	ラノリン脂肪酸アミドDEA
界面活性剤。染毛剤、パーマネントウェーブ用剤ともに起泡剤として配合。ジエタノールアミン（DEA）は、脂肪酸と石鹸を形成する。	—	—	—
ラノリン脂肪酸ポリエチレングリコール1000	乳化剤	乳化剤	ラノリン脂肪酸PEG-20
乳化力の優れた界面活性剤。ラノリン脂肪酸と、ポリエチレングリコール（溶媒[物質を溶かす液体]の働きをする高分子化合物）とのエステル（化合物の一種）。ペースト状。染毛剤、パーマネントウェーブ用剤ともに乳化剤として配合。	混ざらないものを化学的安定に混ぜる	同左	—
ラノリン脂肪酸ポリエチレングリコール200	乳化剤	乳化剤	ラノリン脂肪酸PEG-4
乳化力の優れた界面活性剤。ラノリン脂肪酸と、ポリエチレングリコール（溶媒[物質を溶かす液体]の働きをする高分子化合物）とのエステル（化合物の一種）。液状。染毛剤、パーマネントウェーブ用剤ともに乳化剤として配合。	混ざらないものを化学的安定に混ぜる	同左	—
ラノリン脂肪酸ポリエチレングリコール300	乳化剤	乳化剤	ラノリン脂肪酸PEG-6
乳化力の優れた界面活性剤。ラノリン脂肪酸と、ポリエチレングリコール（溶媒[物質を溶かす液体]の働きをする高分子化合物）とのエステル（化合物の一種）。液状。染毛剤、パーマネントウェーブ用剤ともに乳化剤として配合。	混ざらないものを化学的安定に混ぜる	同左	—
ラノリン脂肪酸ポリエチレングリコール600	乳化剤	乳化剤	ラノリン脂肪酸PEG-12
乳化力の優れた界面活性剤。ラノリン脂肪酸と、ポリエチレングリコール（溶媒[物質を溶かす液体]の働きをする高分子化合物）とのエステル（化合物の一種）。液状。染毛剤、パーマネントウェーブ用剤ともに乳化剤として配合。	混ざらないものを化学的安定に混ぜる	同左	—
リノール酸dl-α-トコフェロール	安定剤	安定剤	リノール酸トコフェロール
油剤。染毛剤、パーマネントウェーブ用剤ともに安定剤として配合。「dl-」は合成トコフェロールの意。	—	—	—

医薬部外品表示名称	染毛剤	パーマネントウエーブ用剤	化粧品表示名称(参考)
リンゴ果汁	湿潤剤	湿潤剤	リンゴ果汁
バラ科植物リンゴの実から抽出。染毛剤、パーマネントウェーブ用剤ともに湿潤剤として配合。皮膚柔軟化作用、鎮痛作用などもあるといわれる。	—	—	—
リンゴ酸ジイソステアリル	湿潤剤	湿潤剤	リンゴ酸ジイソステアリル
リンゴ酸とイソステアリルアルコールのジエステル(化合物の一種)で、非常に粘度の高い液体。染毛剤、パーマネントウェーブ用剤ともに湿潤剤として配合。	—	—	—
リン酸	pH調整剤	pH調整剤	リン酸
無色または白色の結晶で水によく溶け、水溶液は酸性を示す。染毛剤、パーマネントウェーブ用剤ともにpH調整剤として配合。	—	—	—
リン酸ジセチル	#N/A	乳化剤	リン酸ジセチル
界面活性剤。セチルはセチルアルコール(油剤)。パーマネントウェーブ用剤に乳化剤として配合。	—	混ざらないものを化学的安定に混ぜる	—
リン酸一水素アンモニウム	pH調整剤	pH調整剤	リン酸アンモニウム
染毛剤、パーマネントウェーブ用剤ともにpH調整剤として配合。化粧品では緩衝剤、腐蝕防止剤、口腔ケア剤などとして配合されることも。	—	—	—
リン酸一水素ナトリウム	pH調整剤	pH調整剤	リン酸2Na
無色または白色の結晶で水によく溶け、水溶液は酸性を示す。pH調整剤として配合。化粧品では緩衝剤、腐蝕防止剤として配合されることも。	—	—	—
リン酸三ナトリウム	pH調整剤	pH調整剤	リン酸3Na
染毛剤、パーマネントウェーブ用剤ともにpH調整剤として配合。化粧品ではキレート剤(金属封鎖剤)として配合されることも。	—	—	—
リン酸水素ニアンモニウム	pH調整剤	pH調整剤	リン酸ニアンモニウム
染毛剤、パーマネントウェーブ用剤ともにpH調整剤として配合。化粧品では緩衝剤、腐蝕防止剤、口腔ケアなどとして配合されることも。	—	—	—

医薬部外品表示名称	染毛剤	パーマネントウエーブ用剤	化粧品表示名称(参考)
リン酸水素ニカリウム	#N/A	pH調整剤	リン酸2K
パーマネントウェーブ用剤において、pH調整剤として配合。化粧品では腐蝕防止剤として配合されることも。	—	—	—
リン酸水素ニナトリウム	pH調整剤	pH調整剤	リン酸2Na
無色または白色の結晶で水によく溶け、水溶液は酸性を示す。染毛剤、パーマネントウェーブ用剤ともにpH調整剤として配合。	—	—	—
リン酸二水素アンモニウム	pH調整剤	pH調整剤	リン酸アンモニウム
染毛剤、パーマネントウェーブ用剤ともにpH調整剤として配合。化粧品では緩衝剤、腐蝕防止剤、口腔ケア剤などとして配合されることも。	—	—	—
リン酸二水素カリウム	pH調整剤	pH調整剤	リン酸K
染毛剤、パーマネントウェーブ用剤ともにpH調整剤として配合。	—	—	—
リン酸二水素ナトリウム	pH調整剤	pH調整剤	リン酸Na
染毛剤、パーマネントウェーブ用剤ともにpH調整剤として配合。化粧品では緩衝剤として配合されることも。	—	—	—
ルチン	湿潤剤	湿潤剤	ルチン
マメ科植物エンジュのつぼみまたは花から抽出精製。染毛剤、パーマネントウェーブ用剤ともに、湿潤剤として配合。	—	—	—
レイシ培養液エキス	#N/A	湿潤剤	レイシエキス
サルノコシカケ科植物マンネンタケというキノコから抽出。成分として苦味のある多糖類（βグルカン）、アミノ酸、ビタミン類などを含む。パーマネントウェーブ用剤において、湿潤剤として配合。	—	—	—
レシチン	毛髪保護剤	毛髪保護剤	レシチン
マメ科植物ダイズ、卵黄より抽出され、主としてリン脂質からなる成分。細胞間脂質と同様の性質を持つ。染毛剤、パーマネントウェーブ用剤ともに毛髪保護剤として配合。	ハリ・コシ・ツヤ・コーティング	同左	—

医薬部外品表示名称	染毛剤	パーマネントウエーブ用剤	化粧品表示名称（参考）
レゾルシン 染毛剤、パーマネントウェーブ剤ともに防腐剤として配合。	防腐剤 微生物の繁殖を防ぐ	防腐剤 同左	レゾルシン —
レタスエキス(1) キク科植物レタスの葉から抽出。成分としてクエルセチン、有機酸、ビタミン類を含む。染毛剤、パーマネントウェーブ用剤ともに湿潤剤として配合。	湿潤剤 —	湿潤剤 —	レタス葉エキス —
レタス液汁 キク科植物レタスの葉から抽出。染毛剤、パーマネントウェーブ用剤ともに湿潤剤として配合。	湿潤剤 —	湿潤剤 —	レタス液汁 —
レモンエキス バミカン科植物レモンの果実または果汁から得る。クエン酸をはじめ有機酸類、ビタミンCなどを含む。染毛剤、パーマネントウェーブ用剤ともに湿潤剤として配合。	湿潤剤 —	湿潤剤 —	レモンエキス —
レモン果汁 バミカン科植物レモンの果実から得る。染毛剤、パーマネントウェーブ用剤ともに湿潤剤として配合。化粧品では皮膚コンディショニング剤として配合されることがある。	湿潤剤 —	湿潤剤 —	レモン果汁 —
ローカストビーンガム マメ科植物イナゴマメの子葉部から得られる多糖類。水に溶けてとろみを与える。染毛剤において、増粘剤として配合。	増粘剤 とろみ	#N/A —	ローカストビーンガム —
ローズヒップ油 バラ科植物カニナバラの種子を絞って得られる液状のオイル。感触調整の目的で、スキンケアからヘアケアまで幅広く使われ始めている。染毛剤、パーマネントウェーブ用剤ともに基剤、毛髪保護剤として配合。	基剤/毛髪保護剤 剤のベース/ハリ・コシ	基剤/毛髪保護剤 同左	カニナバラ果実油 —
ローズマリーエキス シソ科植物マンネンロウの葉から抽出。成分として精油、フラボノイド、タンニンを含み、特にロズマリン酸を多く含む。染毛剤、パーマネントウェーブ用剤ともに湿潤剤として配合。	湿潤剤 —	湿潤剤 —	ローズマリー葉エキス —

医薬部外品表示名称	染毛剤	パーマネントウェーブ用剤	化粧品表示名称 (●●)
ローズマリー末 シソ科植物マンネンロウの葉から抽出。成分としてフラボノイド、タンニンのほかを含み、特にロズマリン酸を多く含む。染毛剤、パーマネントウェーブ用剤ともに湿潤剤として配合。	湿潤剤 —	湿潤剤 —	ローズマリー葉 —
ローズマリー油 シソ科植物マンネンロウの葉から抽出される精油。染毛剤、パーマネントウェーブ用剤ともに基剤、毛髪保護剤として配合。	基剤/毛髪保護剤 剤のベース/ハリ・コシ	基剤/毛髪保護剤 同左	ローズマリー葉油 —
ローズ水 バラ科植物セイヨウバラまたはその近縁植物の花を水蒸気蒸留して得られる水相成分。染毛剤、パーマネントウェーブ用剤ともに湿潤剤として配合。	湿潤剤 —	湿潤剤 —	ローズ水 —
ローマカミツレエキス キク科植物ローマカミツレの花から抽出。特徴的にカマズレンを含み、カフェ酸、フラボノイド類を含む。染毛剤、パーマネントウェーブ用剤ともに湿潤剤として配合。	湿潤剤 —	湿潤剤 —	ローマカミツレ花エキス —
ローマカミツレ油 キク科植物ローマカミツレの花から抽出したエキスを精製。染毛剤、パーマネントウェーブ用剤ともに基剤、毛髪保護剤として配合。	基剤/毛髪保護剤 剤のベース/ハリ・コシ	基剤/毛髪保護剤 同左	ローマカミツレ花油 —
ローヤルゼリー ミツバチの咽頭腺からの分泌物。染毛剤、パーマネントウェーブ用剤ともに湿潤剤として配合。	湿潤剤 —	湿潤剤 —	ローヤルゼリー —
ローヤルゼリーエキス ミツバチの咽頭腺からの分泌物でクリーム状の物質。染毛剤、パーマネントウェーブ用剤ともに湿潤剤として配合。	湿潤剤 —	湿潤剤 —	ローヤルゼリーエキス —
ワセリン 石油から結晶成分を取り出して精製して得られた、白色〜微黄色の半固形状の物質。染毛剤、パーマネントウェーブ用剤ともに基剤、毛髪保護剤として配合。	基剤/毛髪保護剤 剤のベース/ハリ・コシ	基剤/毛髪保護剤 同左	ワセリン —

医薬部外品表示名称	染毛剤	パーマネントウェーブ用剤	化粧品表示名称（参考）
ワレモコウエキス	湿潤剤	湿潤剤	ワレモコウエキス
バラ科植物ワレモコウの根、茎から抽出。成分としてタンニンとサポニン類を多く含む。染毛剤、パーマネントウェーブ用剤ともに湿潤剤として配合。	—	—	—

ア行

カ行

サ行

タ行

ナ行

ハ行

マ行

ヤ行

ラ行

ワ行

漢字

英字

数字

漢字で始まる
成分用語

染毛剤、パーマネントウェーブ用剤（いずれも医薬部外品）に
配合されている成分の中で、
成分名の頭文字が漢字で始まる用語の
配合目的、役割などを紹介します。

※五十音順
※一覧表の中にある「#N/A」は、染毛剤またはパーマネントウェーブ用剤で使用できない成分です。

医薬部外品表示名称	染毛剤	パーマネントウェーブ用剤	化粧品表示名称（参考）
亜硫酸ナトリウム（結晶）	安定剤	安定剤	亜硫酸Na
染毛剤、パーマネントウェーブ用剤ともに安定剤として配合。酸の存在下では殺菌性があり、毒性は低い。化粧品では酸化防止剤として配合。	—	—	—
亜硫酸ナトリウム（無水）	安定剤	安定剤	亜硫酸Na
染毛剤、パーマネントウェーブ用剤ともに安定剤として配合。亜硫酸ナトリウムを乾燥させたもの。化粧品では酸化防止剤として配合。	—	—	—
亜硫酸水素ナトリウム	安定剤	安定剤	亜硫酸水素Na
炭酸ナトリウム水溶液に二酸化硫黄を通じて得られ、染毛剤、パーマネントウェーブ用剤ではともに安定剤として配合。化粧品では酸化防止剤として配合されている。	—	—	—
亜硫酸水素ナトリウム液	安定剤	#N/A	亜硫酸水素Na
染毛剤に安定剤として配合。液状の亜硫酸水素ナトリウム。化粧品では酸化防止剤として配合されている。	—	—	—
安息香酸	防腐剤	防腐剤	安息香酸
エゴノキ科植物安息香（あんそくこう）の木の樹脂を加熱して得られる成分。安息香酸は白色の結晶で、水にわずかに溶け、アルコールに溶ける性質がある。染毛剤、パーマネントウェーブ用剤ともに防腐剤として配合。	微生物の繁殖を防ぐ	同左	—
安息香酸ナトリウム	防腐剤	防腐剤	安息香酸Na
エゴノキ科植物安息香の木の樹脂を加熱して得られる安息香酸を、水に溶けやすいようナトリウム塩にした成分。染毛剤、パーマネントウェーブ用剤ともに防腐剤として配合。	微生物の繁殖を防ぐ	同左	—
安息香酸パントテニルエチルエーテル	防腐剤	防腐剤	安息香酸パントテニルエチル
エゴノキ科植物安息香の木の樹脂を加熱して得られる安息香酸と、ビタミンB群に含まれるパントテン酸とのエステル（化合物の一種）。染毛剤、パーマネントウェーブ用剤ともに防腐剤として配合。	微生物の繁殖を防ぐ	同左	—
安息香酸ベンジル	溶剤	溶剤	安息香酸ベンジル
安息香酸と、ベンジルアルコールのエステル（化合物の一種）。染毛剤、パーマネントウェーブ用剤ともに溶剤として配合。	固体や液体を溶かす	同左	—

医薬部外品表示名称	染毛剤	パーマネントウエーブ用剤	化粧品表示名称（参考）
雲母チタン 鉱物の一種である雲母（うんも）の表面を二酸化チタンで覆ったもの。真珠のようなツヤを持つ白色顔料。染毛剤、パーマネントウェーブ剤ともに着色剤として配合。	着色剤 —	着色剤 —	酸化チタン、マイカ
液化石油ガス プロパン、ブタン、ペンタンなどの混合物で、室温では気体、圧力をかけると液体になる液化ガス。エアゾールの噴射剤として使われる。	噴射剤 エアゾール製品を噴出するガス	噴射剤 同左	LPG —
液状ラノリン 羊毛脂であるラノリンから固形部分を除いた液状物質。エモリエント効果があり、ラノリンよりも浸透性、拡散性、柔軟作用が改善されている。	毛髪保護剤 ハリ・コシ・ツヤ・コーティング	毛髪保護剤 同左	液状ラノリン
塩化N-[2-ヒドロキシ-3-(ステアリルジメチルアンモニオ)プロピル]加水分解ケラチン 毛髪に吸着しやすいよう、カチオン化（プラスイオン・陽イオン）された加水分解ケラチンを含む合成界面活性剤。パーマネントウェーブ用剤において、湿潤剤または毛髪保護剤として配合。	#N/A —	湿潤剤/毛髪保護剤 ハリ・コシ・ツヤ・コーティング	ステアルジモニウムヒドロキシプロピル加水分解ケラチン
塩化N-[2-ヒドロキシ-3-(ステアリルジメチルアンモニオ)プロピル]加水分解コラーゲン 毛髪に吸着しやすいよう、カチオン化（プラスイオン・陽イオン）された加水分解コラーゲンを含む界面活性剤。パーマネントウェーブ用剤において、湿潤剤、毛髪保護剤として配合。	#N/A —	湿潤剤/毛髪保護剤 ハリ・コシ・ツヤ・コーティング	ステアルジモニウムヒドロキシプロピル加水分解コラーゲン
塩化N-[2-ヒドロキシ-3-(トリメチルアンモニオ)プロピル]加水分解ケラチン液 毛髪に吸着しやすいよう、カチオン化（プラスイオン・陽イオン）された液状の加水分解ケラチンを含む界面活性剤。染毛剤、パーマネントウェーブ用剤ともに、湿潤剤、毛髪保護剤として配合。	湿潤剤/毛髪保護剤 ハリ・コシ・ツヤ・コーティング	湿潤剤/毛髪保護剤 同左	ヒドロキシプロピルトリモニウム加水分解ケラチン —
塩化N-[2-ヒドロキシ-3-(トリメチルアンモニオ)プロピル]加水分解コラーゲン 毛髪に吸着しやすいよう、カチオン化（プラスイオン・陽イオン）された加水分解コラーゲンを含む界面活性剤。染毛剤、パーマネントウェーブ用剤ともに、湿潤剤、毛髪保護剤として配合。	湿潤剤/毛髪保護剤 ハリ・コシ・ツヤ・コーティング	湿潤剤/毛髪保護剤 同左	ヒドロキシプロピルトリモニウム加水分解コラーゲン
塩化N-[2-ヒドロキシ-3-(トリメチルアンモニオ)プロピル]加水分解コラーゲン液 毛髪に吸着しやすいよう、カチオン化（プラスイオン・陽イオン）された液状の加水分解コラーゲンを含む界面活性剤。パーマネントウェーブ用剤において、湿潤剤、毛髪保護剤として配合。	#N/A —	湿潤剤/毛髪保護剤 ハリ・コシ・ツヤ・コーティング	ヒドロキシプロピルトリモニウム加水分解コラーゲン

医薬部外品表示名称	染毛剤	パーマネントウェーブ用剤	化粧品表示名称 (参考)
塩化N-[2-ヒドロキシ-3-(トリメチルアンモニオ)プロピル]加水分解シルク液	湿潤剤/毛髪保護剤	湿潤剤/毛髪保護剤	ヒドロキシプロピルトリモニウム加水分解シルク
毛髪に吸着しやすいよう、カチオン化(プラスイオン・陽イオン)された液状の加水分解シルクを含む界面活性剤。染毛剤、パーマネントウェーブ用剤ともに、湿潤剤、毛髪保護剤として配合。	ハリ・コシ・ツヤ・コーティング	同左	—
塩化N-[2-ヒドロキシ-3-(ヤシ油アルキルジメチルアンモニオ)プロピル]加水分解ケラチン	#N/A	湿潤剤/毛髪保護剤	ココジモニウムヒドロキシプロピル加水分解ケラチン
毛髪に吸着しやすいよう、カチオン化(プラスイオン・陽イオン)された加水分解ケラチンを含む界面活性剤。パーマネントウェーブ用剤において、湿潤剤、毛髪保護剤として配合。	—	ハリ・コシ・ツヤ・コーティング	—
塩化N-[2-ヒドロキシ-3-(ヤシ油アルキルジメチルアンモニオ)プロピル]加水分解コラーゲン	#N/A	湿潤剤/毛髪保護剤	ココジモニウムヒドロキシプロピル加水分解コラーゲン
毛髪に吸着しやすいよう、カチオン化(プラスイオン・陽イオン)された加水分解コラーゲンを含む界面活性剤。パーマネントウェーブ用剤において、湿潤剤、毛髪保護剤として配合。	—	ハリ・コシ・ツヤ・コーティング	—
塩化N-[2-ヒドロキシ-3-(ラウリルジメチルアンモニオ)プロピル]加水分解コラーゲン	#N/A	湿潤剤/毛髪保護剤	ラウリルジモニウムヒドロキシプロピル加水分解コラーゲン
毛髪に吸着しやすいよう、カチオン化(プラスイオン・陽イオン)された加水分解コラーゲンを含む界面活性剤。パーマネントウェーブ用剤において、湿潤剤、毛髪保護剤として配合。	—	ハリ・コシ・ツヤ・コーティング	—
塩化O-[2-ヒドロキシ-3-(トリメチルアンモニオ)プロピル]グアーガム	#N/A	増粘剤/粘度調整剤/毛髪保護剤	グアーヒドロキシプロピルトリモニウムクロリド
マメ科植物グアーの種子から得られるグアーガムを、プラスの電気を持つように加工した成分。パーマネントウェーブ用剤において、増粘剤、粘度調整剤、毛髪保護剤として配合。	—	—	—
塩化O-[2-ヒドロキシ-3-(トリメチルアンモニオ)プロピル]デキストラン	#N/A	湿潤剤/毛髪保護剤	
グルコースのみからなる多糖類の一種、デキストランを、プラスの電気を持つように加工した成分。パーマネントウェーブ用剤において、湿潤剤、毛髪保護剤として配合。	—	ハリ・コシ・ツヤ・コーティング	—
塩化O-[2-ヒドロキシ-3-(トリメチルアンモニオ)プロピル]ヒドロキシエチルセルロース	増粘剤/粘度調整剤/毛髪保護剤	増粘剤/粘度調整剤/毛髪保護剤	ポリクオタニウム-10
プラスの電気を持つ成分で、静電気(マイナス)の発生を防ぐ帯電防止剤として配合。ウエット時にはぬるっとした感触が出る特徴がある。染毛剤、パーマネントウェーブ用剤ともに、増粘剤、粘度調整剤、毛髪保護剤として配合。	とろみ/硬さ調整/ハリ・コシ	同左	—
塩化γ-グルコンアミドプロピルジメチルヒドロキシエチルアンモニウム液	帯電防止剤	帯電防止剤	クオタニウム-22
染毛剤、パーマネントウェーブ用剤ともに、帯電防止剤として配合されている界面活性剤。化粧品では皮膜形成剤、ヘアコンディショニング剤として配合されることも。	—	—	—

医薬部外品表示名称	染毛剤	パーマネントウエーブ用剤	化粧品表示名称 [参考]
塩化アルキルトリメチルアンモニウム 4級アンモニウム塩で、炭素数20〜22のアルキル基を持つ塩化アルキルトリメチルアンモニウム。染毛剤、パーマネントウェーブ用剤ともに、帯電防止剤として配合。	帯電防止剤 —	帯電防止剤 —	ベヘントリモニウムクロリド —
塩化アンモニウム 水溶液は微酸性だが、温度が上がるにつれて酸度が増す。染毛剤、パーマネントウェーブ用剤ともに、アルカリ剤、pH調整剤として配合。	アルカリ剤/pH調整剤 —	アルカリ剤/pH調整剤 —	塩化アンモニウム —
塩化ジ（ポリオキシエチレン）オレイルメチルアンモニウム（2E.O.） 染毛剤、パーマネントウェーブ用剤ともに、帯電防止剤として配合されている界面活性剤。化粧品ではヘアコンディショニング剤として配合されることも。	帯電防止剤 —	帯電防止剤 —	PEG-2オレアンモニウムクロリド —
塩化ジアルキル（12〜15）ジメチルアンモニウム 界面活性剤。殺菌力は弱く、毒性、皮膚刺激性も弱い。染毛剤、パーマネントウェーブ用剤ともに、帯電防止剤として配合されている。	帯電防止剤 —	帯電防止剤 —	ジアルキル（C12-15）ジモニウムクロリド —
塩化ジアルキル（14〜18）ジメチルアンモニウム 染毛剤、パーマネントウェーブ用剤ともに、帯電防止剤として配合されている界面活性剤。殺菌力は弱く、毒性、皮膚刺激性も弱い。	帯電防止剤 —	帯電防止剤 —	クオタニウム-18 —
塩化ジココイルジメチルアンモニウム ヤシ油由来の高級脂肪酸とジメチルアンモニウムを結合させた界面活性剤。染毛剤、パーマネントウェーブ用剤ともに、帯電防止剤として配合。	帯電防止剤 —	帯電防止剤 —	ジココジモニウムクロリド —
塩化ジステアリルジメチルアンモニウム 染毛剤、パーマネントウェーブ用剤ともに、帯電防止剤として配合されている界面活性剤。毛髪に吸着され、毛髪に柔軟性、平滑性を与え触感をよくし、帯電を防止する。	帯電防止剤 —	帯電防止剤 —	ジステアリルジモニウムクロリド —
塩化ジステアリルジメチルアンモニウム末 塩化ジステアリルジメチルアンモニウムを粉体にしたもの。染毛剤、パーマネントウエーブ用剤ともに、帯電防止剤として配合。	帯電防止剤 —	帯電防止剤 —	ジステアリルジモニウムクロリド —

| --- | --- | --- | --- |
塩化ジセチルジメチルアンモニウム液	帯電防止剤	帯電防止剤	ジセチルジモニウムクロリド
塩化ジステアリルジメチルアンモニウムの水溶液。	—	—	—
塩化ジメチルジアリルアンモニウム・アクリルアミド共重合体液	毛髪保護剤	毛髪保護剤	ポリクオタニウム-7
ツヤ、きしみのないクシ通り、帯電防止性などが得られる成分。使用後のうるおい感やすべすべ感が得られることから、ボディソープなどでも使われている。染毛剤、パーマネントウェーブ用剤ともに、毛髪保護剤として配合。	ハリ・コシ・ツヤ・コーティング	同左	—
塩化ジメチルジアリルアンモニウム・アクリル酸共重合体液	毛髪保護剤	毛髪保護剤	ポリクオタニウム-22
染毛剤、パーマネントウェーブ用剤ともに、毛髪保護剤として配合されている水溶性の合成ポリマー（化学的に合成された高分子化合物）。	ハリ・コシ・ツヤ・コーティング	同左	—
塩化ステアリルジメチルベンジルアンモニウム	帯電防止剤	帯電防止剤	ステアラルコニウムクロリド
毛髪への吸着がよく、静電気の帯電を防止する性質がある。染毛剤、パーマネントウェーブ用剤ともに帯電防止剤として配合されている界面活性剤。	—	—	—
塩化ステアリルトリメチルアンモニウム	帯電防止剤	帯電防止剤	ステアルトリモニウムクロリド
ステアリルアミンまたはステアリルジメチルアミンに、メチルクロリドを反応して得られるアンモニウム塩。洗浄効果や弱い殺菌効果もある。染毛剤、パーマネントウェーブ用剤ともに帯電防止剤として配合。	—	—	—
塩化セチルトリメチルアンモニウム	帯電防止剤	帯電防止剤	セトリモニウムクロリド
プラスの電気を持つ成分。染毛剤、パーマネントウェーブ用剤ともに帯電防止剤として配合。	—	—	—
塩化トリ(ポリオキシエチレン) ステアリルアンモニウム (5E.O.)	帯電防止剤	帯電防止剤	PEG-5ステアリルアンモニウムクロリド
染毛剤、パーマネントウェーブ用剤ともに帯電防止剤として配合されている界面活性剤であり、水溶性の合成ポリマー（化学的に合成された高分子化合物）。	—	—	—
塩化ナトリウム	安定剤	安定剤	塩化Na
食塩の主成分、塩（しお）と呼んでいるもの。染毛剤、パーマネントウェーブ用剤ともに安定剤として配合。	—	—	—

医薬部外品表示名称	染毛剤	パーマネントウェーブ用剤	化粧品表示名称 (参考)
塩化ビニル樹脂 合成ポリマー。染毛剤、パーマネントウェーブ用剤ともに毛髪処理剤、毛髪保護剤として配合。化粧品では皮膜形成剤として配合されることも。	毛髪処理剤/毛髪保護剤 ハリ・コシ・ツヤ・コーティング	毛髪処理剤/毛髪保護剤 同左	ポリ塩化ビニル —
塩化ベンザルコニウム 染毛剤、パーマネントウェーブ用剤ともに殺菌剤として配合されている界面活性剤。毛髪への静電気の帯電を防止する性質がありながら、強い殺菌力を有している。	帯電防止剤 —	帯電防止剤 —	ベンザルコニウムクロリド —
塩化ベンザルコニウム液 塩化ベンザルコニウムの水溶液。	帯電防止剤 —	帯電防止剤 —	ベンザルコニウムクロリド —
塩化ラウリルトリメチルアンモニウム液 染毛剤、パーマネントウェーブ用剤ともに帯電防止剤として配合されている界面活性剤。化粧品では殺菌剤、ヘアコンディショニング剤として配合されることも。	帯電防止剤 —	帯電防止剤 —	ラウリルトリモニウムクロリド —
塩酸 塩化水素の水溶液。強い酸性を有する。染毛剤、パーマネントウェーブ用剤ともにpH調整剤として配合。	pH調整剤 —	pH調整剤 —	塩酸 —
塩酸DL-システイン 水への可溶性を高めるためにDL-システインを塩酸で中和したもの。染毛剤、パーマネントウェーブ用剤ともに安定剤として配合。	安定剤 —	安定剤 —	システインHCl —
塩酸L-システイン 水への可溶性を高めるためにL-システインを塩酸で中和したもの。パーマネントウェーブ用剤において、安定剤として配合されている。	#N/A —	安定剤 —	システインHCl —
塩酸L-ヒスチジン 水への可溶性を高めるためにL-ヒスチジンを塩酸で中和したもの。染毛剤、パーマネントウェーブ用剤ともに湿潤剤、毛髪処理剤、毛髪保護剤として配合されている。	湿潤剤/毛髪処理剤/毛髪保護剤 ハリ・コシ・ツヤ・コーティング	湿潤剤/毛髪処理剤/毛髪保護剤 同左	ヒスチジンHCl —

医薬部外品表示名称	染毛剤	パーマネントウエーブ用剤	化粧品表示名称 (参考)
塩酸アルキルジアミノエチルグリシン液	帯電防止剤	帯電防止剤	アルキル (C12-14) ジアミノエチルグリシンHCl
両性石鹸と呼ばれ、強力な殺菌、消毒、洗浄効果がある両性界面活性剤の水溶液。逆性石鹸に比べ毒性などが極めて弱く、使用用途が広い。染毛剤、パーマネントウェーブ用剤ともに帯電防止剤として配合されている。	—	—	
塩酸モノエタノールアミン液	pH調整剤	#N/A	塩酸TEA
水への可溶性を高めるためにエタノールアミンを塩酸で中和したもの。染毛剤において、pH調整剤として配合。	—	—	
塩酸リジン	湿潤剤/毛髪処理剤/毛髪保護剤	湿潤剤/毛髪処理剤/毛髪保護剤	リシンHCl
ほとんどすべてのたんぱく質の構成アミノ酸として存在する。化粧品では皮膚に柔軟性や弾力性を与え、肌荒れ等に有効で保護クリーム、軟こう類にも用いられる。	ハリ・コシ・ツヤ・コーティング	同左	
塩素化パラフィン	溶剤	溶剤	塩素化パラフィン
染毛剤、パーマネントウェーブ用剤ともに溶剤として配合。エナメルなどにも使用されている。	固体や液体を溶かす	同左	—
黄酸化鉄	着色剤	着色剤	酸化鉄
雲母チタンを加熱還元して表面を黒酸化チタンにしたものに、酸化チタンの薄膜を被覆処理した板状粉体。染毛剤、パーマネントウェーブ用剤ともに着色剤として配合。	—	—	
黄色ワセリン	基剤/毛髪保護剤	基剤/毛髪保護剤	ワセリン
石油から結晶成分を取り出して精製して得られた、白色～微黄色の半固形状物質。染毛剤、パーマネントウェーブ用剤ともに基剤、毛髪保護剤として配合。	剤のベース/ハリ・コシ	同左	—
加水分解エラスチン	湿潤剤/毛髪保護剤	湿潤剤/毛髪保護剤	加水分解エラスチン
不溶性のエラスチンを酸またはアルカリによる化学処理で加水分解し、可溶化したもの。淡黄褐色～茶褐色の液体。染毛剤、パーマネントウェーブ用剤ともに湿潤剤、毛髪保護剤として配合。	ハリ・コシ・ツヤ・コーティング	同左	—
加水分解エラスチン液	湿潤剤/毛髪保護剤	湿潤剤/毛髪保護剤	加水分解エラスチン
加水分解エラスチンの水溶液。染毛剤、パーマネントウェーブ用剤ともに湿潤剤、毛髪保護剤として配合。	ハリ・コシ・ツヤ・コーティング	同左	—

ア行
カ行
サ行
タ行
ナ行
ハ行
マ行
ヤ行
ラ行
ワ行
漢字
英字
数字

医薬部外品表示名称	染毛剤	パーマネントウェーブ用剤	化粧品表示名称 (参考)
加水分解カゼインナトリウム	湿潤剤/毛髪保護剤	湿潤剤/毛髪保護剤	加水分解カゼインNa
カゼインは乳・豆類中のたんぱく。染毛剤、パーマネントウェーブ用剤ともに湿潤剤、毛髪保護剤として配合。化粧品では皮膚コンディショニング剤やヘアコンディショニング剤として配合されることも。	ハリ・コシ・ツヤ・コーティング	同左	—
加水分解ケラチン液	湿潤剤/毛髪保護剤	湿潤剤/毛髪保護剤	加水分解ケラチン
ケラチンタンパク質を加水分解して得られるポリペプチドの水溶液。皮膚や毛髪への親和性が高く、保湿性の保護膜によるコンディショニング剤としても使われる。	ハリ・コシ・ツヤ・コーティング	同左	—
加水分解ケラチン末	湿潤剤/毛髪保護剤	湿潤剤/毛髪保護剤	加水分解ケラチン
加水分解ケラチン液の粉体。	ハリ・コシ・ツヤ・コーティング	同左	—
加水分解コムギ末	湿潤剤/毛髪保護剤	湿潤剤/毛髪保護剤	加水分解コムギ
イネ科植物コムギを加水分解し、粉体にしたもの。染毛剤、パーマネントウェーブ剤ともに湿潤剤、毛髪保護剤として配合。	ハリ・コシ・ツヤ・コーティング	同左	—
加水分解コラーゲンエチル液	湿潤剤/毛髪保護剤	湿潤剤/毛髪保護剤	加水分解コラーゲンエチル
淡黄色〜褐色の透明または混濁した液体。染毛剤、パーマネントウェーブ用剤ともに湿潤剤、毛髪保護剤として配合。化粧品ではコンディショニング剤として、シャンプー、リンス、クリーム類、乳液などに使われる。	ハリ・コシ・ツヤ・コーティング	同左	—
加水分解コラーゲン液	湿潤剤/毛髪保護剤	湿潤剤/毛髪保護剤	加水分解コラーゲン
豚や魚に含まれるコラーゲンを抽出して分解または改質した水溶液。保湿効果に優れ、肌や毛髪の表面でしなやかな保護膜をつくるので保護効果に優れる。	ハリ・コシ・ツヤ・コーティング	同左	—
加水分解コラーゲン末	湿潤剤/毛髪保護剤	湿潤剤/毛髪保護剤	加水分解コラーゲン
加水分解コラーゲンを粉体にしたもの。	ハリ・コシ・ツヤ・コーティング	同左	—
加水分解コンキオリン液	湿潤剤/毛髪保護剤	湿潤剤/毛髪保護剤	加水分解コンキオリン
アコヤ貝の真珠または貝殻を粉末化し、酸を加えてカルシウムを除き、さらに加水分解して抽出精製された成分。保湿や皮膚細胞の活性効果がある。	ハリ・コシ・ツヤ・コーティング	同左	—

医薬部外品表示名称	染毛剤	パーマネントウェーブ用剤	化粧品表示名称（参考）
加水分解シルク液 絹繊維を希硫酸溶液で抽出後、精製して得られた液体。保湿効果、皮膜形成効果がある。染毛剤、パーマネントウェーブ用剤ともに、湿潤剤、毛髪保護剤として配合。	湿潤剤/毛髪保護剤 ハリ・コシ・ツヤ・コーティング	湿潤剤/毛髪保護剤 同左	加水分解シルク — —
加水分解シルク末 絹繊維を希硫酸溶液で抽出後、精製して得られた粉末。保湿効果、皮膜形成効果がある。	湿潤剤/毛髪保護剤 ハリ・コシ・ツヤ・コーティング	#N/A	加水分解シルク —
（加水分解シルク/PG-プロピルメチルシランジオール）クロスポリマー 加水分解したシルクにアルキルシリコーンを添加したポリマー。染毛剤において、毛髪保護剤として配合されている。	毛髪保護剤 —	#N/A	（加水分解シルク/PGプロピルメチルシランジオール）クロスポリマー
加水分解ゼラチン液 ゼラチンを加水分解して得られる液体のたんぱく質。ゼラチンのアミノ酸組成はグリシン、プロリン、オキシプロリンなどを多く含む。パーマネントウェーブ用剤において、湿潤剤、毛髪保護剤として配合。	#N/A	湿潤剤/毛髪保護剤 ハリ・コシ・ツヤ・コーティング	加水分解ゼラチン —
加水分解ゼラチン末 ゼラチンを加水分解して得られる水溶性の粉末たんぱく質。ゼラチンのアミノ酸組成はグリシン、プロリン、オキシプロリンなどを多く含む。染毛剤、パーマネントウェーブ用剤ともに、湿潤剤、毛髪保護剤として配合。	湿潤剤/毛髪保護剤 ハリ・コシ・ツヤ・コーティング	湿潤剤/毛髪保護剤 同左	加水分解ゼラチン —
加水分解卵殻膜 ニワトリの卵殻膜をアルカリや酵素を用いて加水分解し、得られた成分。薄黄色～褐色の粉末。パーマネントウェーブ用剤において、湿潤剤、毛髪保護剤として配合。	#N/A —	湿潤剤/毛髪保護剤 ハリ・コシ・ツヤ・コーティング	加水分解卵殻膜 —
果糖 果実やハチミツなどに含まれる単糖類。ぶどう糖と結合すると、ショ糖になる。水とゆるく結合して水の蒸発を抑制する保湿効果に特に優れている。染毛剤、パーマネントウェーブ用剤ともに、湿潤剤として配合。	湿潤剤 —	湿潤剤 —	フルクトース —
過硫酸アンモニウム 白色の粉末状固体。水溶性で強い酸化力を有する。染毛剤において、アルカリ剤、pH調整剤として配合されている。	アルカリ剤/pH調整剤 —	#N/A	過硫酸アンモニウム

医薬部外品表示名称	染毛剤	パーマネントウエーブ用剤	化粧品表示名称 (参考)
海藻エキス(1) 褐藻類の全藻またはメカブから水、エタノール、各種アルコールまたはこれらの混合液で抽出。染毛剤、パーマネントウェーブ用剤ともに湿潤剤として配合。	湿潤剤 —	湿潤剤 —	褐藻エキス —
海藻エキス(2) オオウキモの全藻から塩化ナトリウム溶液で抽出。成分は主としてアルギン酸。	湿潤剤 —	湿潤剤 —	オオウキモエキス —
海藻エキス(3) 褐藻類コンブ属および紅藻類エギス属の全藻から水で抽出。成分は主としてアルギン酸およびカラギーナン。	湿潤剤 —	湿潤剤 —	オオウキモエキス —
海藻エキス(4) 褐藻類、紅藻類および緑藻類の全藻からブチレングリコール溶液で抽出。	湿潤剤 —	湿潤剤 —	トゲキリンサイ/ヒヂリメン/ミツイシコンブ/ウスバアオノリ/ワカメエキス —
海藻末(1) 褐藻類の茎、葉状体から抽出して精製した粉体。成分として多糖類、ミネラル類を含む。	湿潤剤 —	湿潤剤 —	褐藻 —
海藻末(2) 紅藻科植物紅藻の葉状体、茎から抽出。成分として多糖類、ミネラル類を含む。酸化防止効果もある。	湿潤剤 —	湿潤剤 —	紅藻 —
乾燥トウモロコシデンプン イネ科植物トウモロコシの種子の胚乳から得られるデンプンを乾燥させたもの。	湿潤剤/毛髪保護剤 ハリ・コシ・ツヤ・コーティング	#N/A —	— —
乾燥亜硫酸ナトリウム 亜硫酸ナトリウムを乾燥させたもの。染毛剤、パーマネントウェーブ用剤ともに安定剤として配合。	安定剤 —	安定剤 —	— —

医薬部外品表示名称	染毛剤	パーマネントウエーブ用剤	化粧品表示名称 (参考)
乾燥炭酸ナトリウム 炭酸ナトリウムを乾燥させたもの。染毛剤、パーマネントウェーブ剤ともにアルカリ剤、pH調整剤として配合。	アルカリ剤/pH調整剤 —	アルカリ剤/pH調整剤 —	—
感光素101号 光反応性を持つシアニン系の色素。青緑色の結晶性粉末。染毛剤、パーマネントウェーブ用剤ともに着色剤として配合。	着色剤 —	着色剤 —	プラトニン
感光素201号 光反応性を持つシアニン系の色素で、染毛剤、パーマネントウェーブ用剤ともに着色剤として配合。化粧品ではピオニンとも呼ばれる。界面活性剤の働きを持ち、帯電防止剤、殺菌防腐剤などで配合されることも。	着色剤 —	着色剤 —	クオタニウム-73
感光素301号 染毛剤、パーマネントウェーブ用剤ともに着色剤として配合。化粧品ではタカナールとも呼ばれる。界面活性剤の働きを持ち、育毛目的で配合されることも。	着色剤 —	着色剤 —	クオタニウム-51
感光素401号 染毛剤、パーマネントウェーブ用剤ともに着色剤として配合。化粧品ではルミカーナとも呼ばれる。界面活性剤の働きを持ち、抗酸化性に優れる。	着色剤 —	着色剤 —	クオタニウム-45
還元ハチミツ液 ハチミツを水素添加したもの。染毛剤、パーマネントウェーブ用剤ともに湿潤剤として配合。化粧品では皮膚コンディショニング剤や保水剤として配合されることも。	湿潤剤 —	湿潤剤 —	水添ハチミツ
還元ラノリン 羊毛脂のラノリンに水素を添加した成分。染毛剤、パーマネントウェーブ用剤ともに湿潤剤として配合。化粧品では乳化剤として配合されることも。	湿潤剤 —	湿潤剤 —	水添ラノリン
希塩酸 酸剤。濃度の薄い塩酸（塩化水素の水溶液）。染毛剤でpH調整剤として配合。	pH調整剤 —	#N/A —	HCl

医薬部外品表示名称	染毛剤	パーマネントウエーブ用剤	化粧品表示名称 (参考)
吸着精製ラノリン	毛髪保護剤	毛髪保護剤	ラノリン
羊の毛から採集したオイル。粘性がありクリーム状。水分の蒸発を防ぐ。染毛剤、パーマネントウェーブ用剤ともに毛髪保護剤として配合。	ハリ・コシ・ツヤ・コーティング	同左	—
牛脂脂肪酸	乳化剤	乳化剤	牛脂脂肪酸
オレイン酸、ステアリン酸、パルミチン酸などが含まれ、染毛剤、パーマネントウェーブ用剤ともに乳化剤として配合。油剤。	混ざらないものを化学的安定に混ぜる	同左	—
牛乳糖たん白	毛髪処理剤/毛髪保護剤	毛髪処理剤/毛髪保護剤	加水分解乳タンパク
牛乳より得られたカゼインを加水分解して得られる黄たんぱくの粉末。白色〜乳白色。メラニン生成抑制作用やコラーゲン合成促進作用もある。	ハリ・コシ・ツヤ・コーティング	同左	—
強アンモニア水	アルカリ剤/pH調整剤	アルカリ剤/pH調整剤	アンモニア水
アルカリ剤。ヘアダイ、ブリーチ、コールドパーマなどに使用。	—	—	—
苦味チンキ	湿潤剤	湿潤剤	サンショウエキス、センブリエキス、トウヒエキス
チンキは生薬をエタノールで浸出した液。染毛剤、パーマネントウェーブ用剤ともに湿潤剤として配合。	—	—	—
軽質イソパラフィン	基剤	基剤	水添ポリイソブテン
イソブチレンの重合体に水素を添加して得る油剤（液状オイル）。染毛剤、パーマネントウェーブ用剤ともに、基剤として配合。防水性のある化粧品や、日焼け止め製品などにも応用されている。	剤のベース	同左	—
軽質炭酸マグネシウム	pH調整剤	pH調整剤	炭酸Mg
pH調整剤として配合。化粧品ではpH調整剤のほか吸着剤、増量剤などとして配合されることも。	—	—	—
軽質流動イソパラフィン	基剤	基剤	水添ポリイソブテン
染毛剤、パーマネントウェーブ用剤ともに、基剤として配合。高重合シリコーンを溶かす溶剤として用いられることも。	剤のベース	同左	—

医薬部外品表示名称	染毛剤	パーマネントウエーブ用剤	化粧品表示名称 <small>(参考)</small>
軽質流動パラフィン	#N/A	基剤	―
石油からさまざまな精製過程を経て得られた無色透明の液状オイル。パーマネントウェーブ剤では基剤として配合されている。	―	剤のベース	
結晶セルロース	増粘剤	増粘剤	結晶セルロース
樹木から採取したウッドパルプや綿実から採ったリンターパルプを加水分解し、精製したものを再結晶させてつくった粉末。白色〜灰白色で、吸水するが水には溶けない。	とろみ	同左	―
月見草油	基剤/毛髪保護剤	基剤/毛髪保護剤	月見草油
アカバナ科植物メマツヨイグサの種子から抽出。基剤、毛髪保護剤として配合。化粧品では皮膚コンディショニング剤として配合されることも。	剤のベース/ハリ・コシ	同左	―
硬化牛脂脂肪酸ジエタノールアミド	起泡剤	起泡剤	水添タロウアミドDEA
染毛剤、パーマネントウェーブ用剤ともに起泡剤として配合。ジエタノールアミンは脂肪酸と石鹸を形成する。化粧品では親油性増粘剤として配合されることも。	―	―	
硬化油	基剤	基剤	野菜油
不飽和脂肪酸を多く含む油脂（魚油、植物油など）に水素を化合させて飽和脂肪酸とすることにより，改質を加えた加工油脂の一種。染毛剤、パーマネントウェーブ用剤ともに、基剤として配合。	剤のベース	同左	―
硬質ラノリン	毛髪保護剤	毛髪保護剤	ラノリンロウ
羊毛脂のラノリンから液状ラノリンを除いたロウ状の物質。ポマードや口紅などにも使われている。	ハリ・コシ・ツヤ・コーティング	同左	―
硬質ラノリン脂肪酸	毛髪保護剤	毛髪保護剤	ラノリン脂肪酸
油剤。羊毛脂ラノリン脂肪酸の高分子部分。毛髪保護剤として配合。化粧品では洗浄剤として配合されることも。	ハリ・コシ・ツヤ・コーティング	同左	―
硬質ラノリン脂肪酸コレステリル	#N/A	湿潤剤/毛髪保護剤	ラノリン脂肪酸コレステリル
油剤。硬質ラノリンと脂肪酸コレステロールのモノエステル（化合物の一種）。パーマネントウェーブ用剤において、湿潤剤、毛髪保護剤として配合。	―	ハリ・コシ・ツヤ・コーティング	―

	医薬部外品表示名称	染毛剤	パーマネントウェーブ用剤	化粧品表示名称 (参考)
紅茶エキス	ツバキ科植物アッサムチャの葉を乾燥させ、さらに発酵させてつくられた紅茶から抽出。染毛剤、パーマネントウェーブ剤ともに湿潤剤として配合。	湿潤剤 ―	湿潤剤 ―	紅茶エキス
酵母エキス	淡黄色〜褐色の粉末または液体。成分として各種アミノ酸、ビタミン、核酸関連物質、ミネラル、有機酸、たんぱく質、糖質、脂質などを含む。染毛剤、パーマネントウェーブ用剤ともに湿潤剤として配合。	湿潤剤 ―	湿潤剤 ―	加水分解酵母エキス
香料	香りをつけるために配合する微量成分の総称。エッセンシャルオイルや合成香料など多種類の成分を混合して香りをつくっている場合、香り成分をすべて列記するのではなく、「香料」としてまとめて表示することができる。	着香剤 ―	着香剤 ―	香料
高重合ポリエチレングリコール	ヒモ状に長い形をした水溶性の高分子。成分名の最後についている数字が大きいほど長くなる。短いものは液状、長いものはペーストや固形。水に溶かすと保湿効果やとろみをつけることができる。	増粘剤 とろみ	増粘剤 同左	PEG-●●M (●●には数字が入る)
高重合メチルポリシロキサン(1)	最も代表的なシリコーン油。無色透明な液体。オイルに溶けにくい性質を持つ。消泡剤や、耐水性の高い皮膜づくりにも使われている。	毛髪処理剤/毛髪保護剤 ハリ・コシ・ツヤ・コーティング	毛髪処理剤/毛髪保護剤 同左	ジメチコン ―
高重合メチルポリシロキサン(2)	最も代表的なシリコーン油。無色透明な液体。オイルに溶けにくい性質を持つ。消泡剤や、耐水性の高い皮膜づくりにも使われている。高重合メチルポリシロキサン(1)との違いは、重合(じゅうごう、高分子化合物をつくる反応のこと)が10倍以上である点。	毛髪処理剤/毛髪保護剤 ハリ・コシ・ツヤ・コーティング	毛髪処理剤/毛髪保護剤 同左	ジメチコン ―
高融点マイクロクリスタリンワックス	ワセリンから固体成分を分離して精製された固形状オイル。多くのオイル成分に溶けやすく、染毛剤・パーマネントウェーブ剤ともに基剤として配合されている。	基剤 剤のベース	基剤 同左	マイクロクリスタリンワックス ―
合成スクワラン	深海ザメの肝臓に多量に含まれている肝油から取り出し、水素を添加して安定化させた無色透明な液体オイル。べたつきのない特性がある。近年は植物性スクワランを配合した製品が増えつつある。	基剤/毛髪保護剤 剤のベース/ハリ・コシ	基剤/毛髪保護剤 同左	スクワラン ―

医薬部外品表示名称	染毛剤	パーマネントウエーブ用剤	化粧品表示名称 (参考)
黒砂糖 サトウキビシロップから得られる粉末。湿潤剤として配合。化粧品では保水剤として配合されることも。	湿潤剤 —	湿潤剤 —	黒砂糖 —
黒砂糖エキス サトウキビから得られる黒砂糖エキス。抗アトピー、抗アレルギー性などの作用もある。	湿潤剤 —	湿潤剤 —	黒砂糖エキス —
黒酸化鉄 雲母チタンを加熱還元して表面を黒酸化チタンとしたものに、酸化チタンの薄膜を被覆処理した板状粉体。	着色剤 —	着色剤 —	酸化鉄 —
混合異性化糖 ブドウ糖と乳糖それぞれの希アルカリ処理物を混合した糖類の混合物。一般的な保湿剤に比べて低湿度下でも保湿効果があり、持続性もある。	湿潤剤 —	湿潤剤 —	異性化糖 —
混合脂肪酸モノエタノールアミド 泡安定剤。界面活性の程度など詳細は不明とされている。	起泡剤 —	起泡剤 —	脂肪酸(C16-22)アミドMEA —
混合植物抽出液(10) セリ科植物ウイキョウの実、セリ科植物カロットの根、トチノキ科植物マロニエの種子、それぞれから抽出したエキスを混合した液体。	湿潤剤 —	湿潤剤 —	ウイキョウエキス、カロットエキス、マロニエエキス
混合植物抽出液(12) アオイ科植物アルテアの根、オチギリソウ科植物オトギリソウの全草、キク科植物カミツレの花・茎・葉、キク科植物セイヨウノコギリソウの全草、シソ科植物セージの葉、キク科植物フキタンポポの花穂、それぞれから抽出したエキスの混合液。	湿潤剤 —	湿潤剤 —	アルテアエキス、オトギリソウエキス、カミツレエキス、セイヨウノコギリソウエキス、セージエキス、フキタンポポエキス
混合植物抽出液(13) イラクサ科植物イラクサの葉、カバノキ科植物シラカバの樹皮、トクサ科植物スギナの全草、キク科植物セイヨウノコギリソウの全草、シソ科植物セージの葉、キク科植物フキタンポポの花穂、ミツガシワ科植物ミツガシワの葉、シソ科植物ローズマリーの葉、それぞれから抽出したエキスの混合液。	湿潤剤 —	湿潤剤 —	(セイヨウイラクサ葉/フキタンポポ葉/スギナ茎/ローズマリー葉/セージ葉/セイヨウノコギリソウ花/ミツガシワ葉/ヨーロッパシラカバ葉)エキス

医薬部外品表示名称	染毛剤	パーマネントウエーブ用剤	化粧品表示名称（参考）
混合植物抽出液（15） キク科植物アルニカの花、キク科植物カミツレの花、トクサ科植物スギナの全草、それぞれから抽出したエキスの混合液。	湿潤剤 —	湿潤剤 —	アルニカ花エキス、カミツレ花エキス、スギナエキス —
混合植物抽出液（16） シソ科植物セージの葉、シソ科植物タチジャコウソウの全草、バラ科植物トルメンチラの根、マンサク科植物ハマメリスの葉・花、シソ科植物ローズマリーの葉、それぞれから抽出したエキスの混合液。	湿潤剤 —	湿潤剤 —	セージエキス、タチジャコウソウエキス、トルメンチラエキス、ハマメリスエキス、ローズマリーエキス —
混合植物抽出液（17） キク科植物カミツレの花・茎・葉、シソ科植物セージの葉、シソ科植物タチジャコウソウの全草、シソ科植物ローズマリーの葉、それぞれから抽出したエキスの混合液。	湿潤剤 —	湿潤剤 —	カミツレエキス、セージエキス、タチジャコウソウエキス、ローズマリーエキス —
混合植物抽出液（19） イネ科植物コムギの胚芽、トクサ科植物スギナの全草、ビャクダン科植物セイヨウヤドリギの葉・花、マンサク科植物ハマメリスの葉・花、キク科植物フキタンポポの花穂、それぞれから抽出したエキスの混合液。	湿潤剤 —	湿潤剤 —	コムギ胚芽エキス、スギナエキス、セイヨウヤドリギエキス、ゼニアオイエキス、ハマメリスエキス、フキタンポポエキス —
混合植物抽出液（20） シソ科植物オウゴンの全草、キク科植物カミツレの花・茎・葉、マメ科植物クララの根、ムラサキ科植物ムラサキの根、フトモモ科植物チョウジの実、キク科植物ベニバナの花、それぞれから抽出したエキスの混合液。	湿潤剤 —	湿潤剤 —	オウゴンエキス、カミツレエキス、クララエキス、シコンエキス、チョウジエキス、ベニバナエキス —
混合植物抽出液（26） キク亜植物カミツレの花・茎・葉、シソ科植物セージの葉、それぞれから抽出したエキスの混合液。	湿潤剤 —	湿潤剤 —	カミツレエキス、セージエキス —
混合植物抽出液（27） オトギリソウ科植物オトギリソウの全草、マンサク科植物ハマメリスの葉・花から抽出したエキスの混合液。	#N/A —	湿潤剤 —	オトギリソウエキス、ハマメリスエキス —
混合植物抽出液（7） セリ科植物ウイキョウの実、キク科植物カミツレの花・茎・葉、キク科植物セイヨウノコギリソウの全草、ビャクダン科植物セイヨウヤドリギの葉・花、クワ科植物ホップの花穂、シソ科植物メリッサの葉・茎、それぞれから抽出したエキスの混合液。	湿潤剤 —	湿潤剤 —	ウイキョウエキス、カミツレエキス、セイヨウノコギリソウエキス、セイヨウヤドリギエキス、ホップエキス、メリッサエキス —

医薬部外品表示名称	染毛剤	パーマネントウェーブ用剤	化粧品表示名称 [参考]
混合植物抽出液(9) セリ科植物ウイキョウの実、キク科植物カミツレの花・茎・葉、キク科植物セイヨウノコギリソウの全草、ビャクダン科植物セイヨウヤドリギの葉・花、クワ科植物ホップの花穂、シソ科植物メリッサの葉・茎、それぞれから抽出したエキスの混合液。	湿潤剤 ―	湿潤剤 ―	ウイキョウエキス、カミツレエキス、セイヨウノコギリソウエキス、セイヨウヤドリギエキス、ホップエキス、メリッサエキス
酸化チタン イルメナイト（チタン鉄鉱）またはチタンスラグから塩基法などにより製造された白色の微細な粉末。塗料に欠かせない原料であるほか、紫外線遮断効果が高く、高SPF製品の主要原料にもなっている。	着色剤 ―	着色剤 ―	酸化チタン ―
酸化マグネシウム 染毛剤にpH調整剤として配合。化粧品ではpH調整剤のほか、吸着剤、不透明化剤として配合されることも。	pH調整剤 ―	#N/A ―	酸化Mg ―
自己乳化型ステアリン酸プロピレングリコール 親油性乳化剤であるステアリン酸プロピレングリコールに、カリ石鹸を混ぜて親水性を高めた乳化剤。	乳化剤 混ざらないものを化学的安定に混ぜる	乳化剤 同左	ステアリン酸PG（SE）
自己乳化型モノステアリン酸グリセリル 親油性乳化剤であるモノステアリン酸グリセリルに、石鹸または非イオン型界面活性剤を混ぜて親水性を高めた乳化剤。	乳化剤 混ざらないものを化学的安定に混ぜる	乳化剤 同左	ステアリン酸グリセリル(SE)
酒石酸 植物界に広く分布している有機酸。ワイン製造時にできる酒石や、マレイン酸などを原料にして合成される。染毛剤、パーマネントウェーブ用剤ともにpH調整剤として配合。	pH調整剤 ―	pH調整剤 ―	酒石酸 ―
臭化ステアリルトリメチルアンモニウム ステアリルアミンまたはステアリルジメチルアミンにメチルクロリドを反応して得られるアンモニウム塩。染毛剤、パーマネントウェーブ用剤ともに帯電防止剤として配合。	帯電防止剤 ―	帯電防止剤 ―	ステアルトリモニウムブロミド
臭化セチルトリメチルアンモニウム液 プラスの電気を持った液体成分。静電気を防ぐ帯電防止剤として配合されている。	帯電防止剤 ―	帯電防止剤 ―	セトリモニウムブロミド

医薬部外品表示名称		染毛剤	パーマネントウエーブ用剤	化粧品表示名称（※※）
臭化セチルトリメチルアンモニウム末		#N/A	帯電防止剤	セトリモニウムブロミド
プラスの電気を持った粉体成分。静電気を防ぐ帯電防止剤として配合されている。		―	―	―
臭化ドミフェン		防腐剤	防腐剤	臭化ドミフェン
染毛剤、パーマネントウェーブ用剤ともに防腐剤として配合されている界面活性剤の一種。化粧品では殺菌剤、消臭剤、口腔ケア剤として配合されることも。		微生物の繁殖を防ぐ	同左	―
臭化ラウリルトリメチルアンモニウム		帯電防止剤	帯電防止剤	ラウルトリモニウムブロミド
染毛剤、パーマネントウェーブ剤ともに帯電防止剤として配合。化粧品ではヘアコンディショニング剤として配合されることも。		―	―	―
重質炭酸マグネシウム		緩衝剤	#N/A	炭酸Mg
染毛剤に緩衝剤として配合。化粧品では吸着剤、増量剤、不透明化剤、pH調整剤として配合。		pHの変動を少なくする	―	―
重質流動イソパラフィン		基剤	基剤	水添ポリイソブテン
イソブチレンの重合体に水素を添加して得る油剤（液状オイル）。染毛剤、パーマネントウェーブ用剤ともに、基剤として配合。		剤のベース	剤のベース	―
常水		溶剤	溶剤	水
水道法に規定された、水質基準を満たす飲用可能な水のこと。通称常水と呼ばれている。河川水などをろ過した後、殺菌によって汚濁成分や大腸菌を除いた状態の水。		固体や液体を溶かす	同左	―
植物性スクワラン		基剤/毛髪保護剤	基剤/毛髪保護剤	スクワラン
深海ザメの肝臓に多量に含まれている肝油から抽出し、水素を添加して安定化させた無色透明な液体オイル。べたつきのない特性がある。近年は植物性スクワランを配合した製品が増えつつある。		剤のベース/ハリ・コシ	同左	―
親油型モノオレイン酸グリセリル		乳化剤/湿潤剤	乳化剤/湿潤剤	オレイン酸グリセリル
油性成分の高級脂肪酸オイレン酸に、水性成分のグリセリンをつなぎ合わせた成分。水とも油ともなじむため両物質の間に入り、水と油が混ざった状態にしておくことができる乳化剤や、湿潤剤として配合。		混ざらないものを化学的安定に混ぜる	同左	―

医薬部外品表示名称	染毛剤	パーマネントウエーブ用剤	化粧品表示名称（参考）
親油型モノステアリン酸グリセリル 油性成分の高級脂肪酸ステアリン酸に、水性成分のグリセリンをつなぎ合わせた成分。染毛剤、パーマネントウェーブ用剤ともに乳化剤として配合。	乳化剤 混ざらないものを化学的安定に混ぜる	乳化剤 同左	ステアリン酸グリセリル —
酢酸 脂肪酸の1つ。無色で強い刺激臭を持つ。染毛剤、パーマネントウェーブ用剤ともにpH調整剤として配合。	pH調整剤 —	pH調整剤 —	酢酸 —
酢酸DL-α-トコフェロール 無色〜黄色透明のやや粘性のある液体。水にはほとんど溶けない。皮膚に含まれている酵素で、染毛剤、パーマネントウェーブ用剤ともに安定剤として配合。	安定剤 —	安定剤 —	酢酸トコフェロール —
酢酸エチル 染毛剤において、溶剤として配合。化粧品では、皮膜形成剤のニトロセルロースを溶かす低沸点の溶剤として配合される。	溶剤 固体や液体を溶かす	#N/A	酢酸エチル —
酢酸ナトリウム 染毛剤において、アルカリ性を有する緩衝剤として配合。	緩衝剤 pHの変動を少なくする	#N/A	酢酸Na —
酢酸ビニル・ビニルピロリドン共重合体 有機化合物ビニルピロリドンと、酢酸とビニルアルコールのエステル（化合物の一種）である酢酸ビニルとの高分子化合物。染毛剤、パーマネントウェーブ剤ともに毛髪処理剤、毛髪保護剤として配合。	毛髪処理剤/毛髪保護剤 ハリ・コシ・ツヤ・コーティング	毛髪処理剤/毛髪保護剤 同左	（VP/VA）コポリマー —
酢酸ビニル樹脂 毛髪の表面で乾くとやわらかいフィルムを形成する性質がある。染毛剤、パーマネントウェーブ用剤ともに毛髪処理剤、毛髪保護剤として配合。マスカラでは皮膜形成剤として配合されている。	毛髪処理剤/毛髪保護剤 ハリ・コシ・ツヤ・コーティング	毛髪処理剤/毛髪保護剤 同左	ポリ酢酸ビニル —
酢酸フェニルエチル 香料。酢酸とフェネチルアルコールのエステル（化合物の一種）。染毛剤、パーマネントウェーブ用剤ともに着香剤として配合。	着香剤 —	着香剤 —	酢酸フェネチル —

医薬部外品表示名称	染毛剤	パーマネントウエーブ用剤	化粧品表示名称 (参考)
酢酸ポリオキシエチレンラノリンアルコール ラノリン（羊毛脂）を含む界面活性剤。染毛剤、パーマネントウェーブ用剤ともに湿潤剤、毛髪保護剤として配合。	湿潤剤/毛髪保護剤 ハリ・コシ・ツヤ・コーティング	湿潤剤/毛髪保護剤 同左	酢酸ラネス-●● （●●には数字が入る） —
酢酸ラノリン 酢酸とラノリンのエステル。染毛剤、パーマネントウェーブ用剤ともに湿潤剤として配合。	湿潤剤 —	湿潤剤 —	酢酸ラノリン
酢酸ラノリンアルコール 酢酸とラノリンアルコールのエステル。染毛剤、パーマネントウェーブ用剤ともに湿潤剤として配合。	湿潤剤 —	湿潤剤 —	酢酸ラノリンアルコール
酢酸リナリル 芳香性の高いアルコール、リナロールと酢酸のエステル（化合物の一種）。染毛剤、パーマネントウェーブ用剤ともに着香剤として配合。	着香剤 —	着香剤 —	酢酸リナリル —
酢酸リナリル変性アルコール エタノールに苦み成分やにおい成分を添加して飲用できないようにしたもの。染毛剤、パーマネントウェーブ用剤ともに溶剤として配合。	溶剤 固体や液体を溶かす	溶剤 同左	変性アルコール —
水酸化カリウム 代表的なアルカリ剤。苛性（かせい）カリともいう。脂肪酸と反応させて塩をつくり、石鹸を合成する原料として使われるほか、アルカリ中和タイプの高分子と反応させて増粘させ、乳化の安定性を高めるために配合される。	アルカリ剤/pH調整剤 —	アルカリ剤/pH調整剤 —	水酸化K
水酸化ナトリウム 代表的なアルカリ剤。苛性（かせい）ソーダともいう。脂肪酸と反応させて塩をつくり、石鹸を合成する原料として使われるほか、アルカリ中和タイプの高分子と反応させて増粘させ、乳化の安定性を高めるために配合される。	アルカリ剤/pH調整剤 —	アルカリ剤/pH調整剤 —	水酸化Na

医薬部外品表示名称	染毛剤	パーマネントウェーブ用剤	化粧品表示名称 [参考]
水素添加ホホバ油	毛髪保護剤	毛髪保護剤	水添ホホバ油
シムモンドシア科植物ホホバの実、または種子から抽出した液状のオイルに、水素を添加したもの。酸化しにくい特徴がある。	ハリ・コシ・ツヤ・コーティング	同左	—
水素添加ラノリンアルコール	湿潤剤	湿潤剤	水添ラノリンアルコール
ラノリンアルコールに水素を添加したもの。酸化しにくい油剤。	—	—	—
水素添加大豆リン脂質	乳化剤/湿潤剤	乳化剤/湿潤剤	水添レシチン
レシチンを水素添加したもの。安定性が改良されたリン脂質。保湿効果が高いが、乳化剤としても使われている。	混ざらないものを化学的安定に混ぜる	同左	—
水素添加大豆油脂肪酸グリセリル	乳化剤	乳化剤	水添ダイズ脂肪酸グリセリル
水素添加した大豆油脂肪酸のモノグリセリド。染毛剤、パーマネントウェーブ用剤ともに乳化剤として配合。	混ざらないものを化学的安定に混ぜる	同左	—
水素添加卵黄油	湿潤剤/毛髪保護剤	湿潤剤/毛髪保護剤	卵黄油
ニワトリの卵黄から得られる、油剤・リン脂質（乳化作用あり）を含む脂肪油。染毛剤、パーマネントウェーブ用剤ともに湿潤剤、毛髪保護剤として配合。	ハリ・コシ・ツヤ・コーティング	同左	—
水溶性エラスチン	湿潤剤	湿潤剤	水溶性エラスチン
動物のじん帯などの弾性組織にある硬たんぱくの1つ。これを化学処理または酵素で水溶性化したもの。染毛剤、パーマネントウェーブ用剤ともに湿潤剤として配合。	—	—	—
水溶性コラーゲン	湿潤剤/毛髪保護剤	湿潤剤/毛髪保護剤	水溶性コラーゲン
キジ科鳥類ニワトリの脚から抽出したコラーゲンを分解または改質した水溶液。保湿効果に優れ、肌や毛髪の表面でしなやかな保護膜をつくるので保護効果に優れる。	ハリ・コシ・ツヤ・コーティング	—	—
水溶性コラーゲン液(1)	湿潤剤/毛髪保護剤	湿潤剤/毛髪保護剤	水溶性コラーゲン
ウシ科動物ウシまたはイノシシ科動物ブタの皮膚か骨髄から抽出したコラーゲンを分解または改質した水溶液。保湿効果に優れ、肌や毛髪の表面でしなやかな保護膜をつくるので保護効果に優れる。	ハリ・コシ・ツヤ・コーティング	—	—

医薬部外品表示名称	染毛剤	パーマネントウェーブ用剤	化粧品表示名称（参考）
精製ラノリン 羊の毛から採集したオイル。粘性がありクリーム状。水分の蒸発を防ぐ。	毛髪保護剤 ハリ・コシ・ツヤ・コーティング	毛髪保護剤 同左	ラノリン —
精製水 常水を蒸留するか、またはイオン交換樹脂を通して精製した水。多くの原料の溶媒として利用され、さまざまな製品に配合されている。	溶剤 固体や液体を溶かす	溶剤 同左	水 —
精製白糖 砂糖の一種。水とゆるく結合して水の蒸発を抑制する保湿効果に特に優れている。	湿潤剤 —	湿潤剤 —	スクロース —
石鹸用素地 高級脂肪酸と水酸化カリウムとの中和反応、もしくは油脂を水酸化カリウムで加水分解してつくられる界面活性剤。一般に「石鹸」と呼ばれる成分。	起泡剤 —	起泡剤 —	石ケン素地 —
大豆たん白加水分解物 食品用脱脂大豆を水に分散させて水酸化ナトリウムでpHを調整、たんぱく分解酵素トリプシンを加えて加水分解後、ろ過し、ろ液を濃縮冷却して塩酸を加えたもの。淡黄色～褐色の液体。	湿潤剤/毛髪保護剤 ハリ・コシ・ツヤ・コーティング	湿潤剤/毛髪保護剤 同左	加水分解ダイズタンパク —
大豆リン脂質 マメ科植物ダイズ、または卵黄より抽出され、主としてリン脂質からなる原料。細胞間脂質と同様の性質を持ち、優れた保護効果がある。	毛髪保護剤 ハリ・コシ・ツヤ・コーティング	毛髪保護剤 同左	レシチン —
大豆油 マメ科植物ダイズの種子より得られた液状オイル。酸化しやすい性質を持つ。柔軟効果にも優れており、幅広い製品に配合されている。	基剤/毛髪保護剤 剤のベース/ハリ・コシ	基剤/毛髪保護剤 同左	ダイズ油 —
脱脂粉乳 保湿性があり、染毛剤、パーマネントウェーブ用剤ともに湿潤剤として配合。	湿潤剤 —	湿潤剤 —	スキムミルク —

医薬部外品表示名称	染毛剤	パーマネントウエーブ用剤	化粧品表示名称(参考)
単シロップ 白糖の85パーセント水溶液。水とゆるく結合して水の蒸発を抑制する保湿効果に特に優れている。	湿潤剤 —	湿潤剤 —	スクロース
炭酸アンモニウム 炭酸のアンモニウム塩。染毛剤、パーマネントウェーブ用剤ともにアルカリ剤、pH調整剤として配合。化粧品では緩衝剤として配合されることも。	アルカリ剤/pH調整剤 —	アルカリ剤/pH調整剤 —	炭酸アンモニウム
炭酸カリウム 炭酸のカリウム塩。炭酸カリまたは単にカリともいう。染毛剤、パーマネントウェーブ用剤ともにpH調整剤として配合。	pH調整剤 —	pH調整剤 —	炭酸K
炭酸ナトリウム 炭酸ソーダ、ソーダ灰ともいう。染毛剤、パーマネントウェーブ用剤ともにアルカリ剤、pH調整剤として配合。	アルカリ剤/pH調整剤 —	アルカリ剤/pH調整剤 —	炭酸Na
炭酸ナトリウム水和物 無水和物から一水和物〜十水和物まであり、水溶液からは32℃以下で十水和物、32〜35℃で七水和物、35℃以上で一水和物が得られる。アルカリ剤やpH調整剤として配合されている。	アルカリ剤/pH調整剤 —	アルカリ剤/pH調整剤 —	
炭酸プロピレン 無色、無臭の液体でアセトン(液体の化学物質)やアルコール類に溶ける。染毛剤、パーマネントウェーブ用剤ともに溶剤として配合。	溶剤 固体や液体を溶かす	溶剤 同左	炭酸プロピレン —
炭酸水素アンモニウム 炭酸のモノアンモニウム塩。染毛剤、パーマネントウェーブ用剤ともにアルカリ剤、pH調整剤として配合。	アルカリ剤/pH調整剤 —	アルカリ剤/pH調整剤 —	炭酸水素アンモニウム
炭酸水素ナトリウム 二酸化炭素を炭酸ナトリウム溶液に通して得られる化学物質。染毛剤、パーマネントウェーブ用剤ともにアルカリ剤、pH調整剤として配合。	アルカリ剤/pH調整剤 —	アルカリ剤/pH調整剤 —	炭酸水素Na

ア行
カ行
サ行
タ行
ナ行
ハ行
マ行
ヤ行
ラ行
ワ行

漢字

英字

数字

医薬部外品表示名称	染毛剤	パーマネントウエーブ用剤	化粧品表示名称 (参考)
窒素 ガス剤のこと。染毛剤、パーマネントウェーブ用剤ともに噴射剤として配合。	噴射剤 エアゾール製品を噴出するガス	噴射剤 同左	窒素 —
低比重流動パラフィン（1） 石油からさまざまな精製過程を経て得られた無色透明の液状オイル。低刺激性で安全性・安定性が高く、幅広く使われている。染毛剤、パーマネントウェーブ用剤ともに基剤として配合。	基剤 剤のベース	基剤 同左	ミネラルオイル —
鉄クロロフィリンナトリウム 水に溶けるが、エタノールおよびアセトンにほとんど溶けない緑黒色の粉末。染毛剤、パーマネントウェーブ用剤ともに着色剤として配合。	着色剤	着色剤 —	—
天然ビタミンE マメ科植物ダイズ、アブラナ科植物アブラナ（ナタネ）などの植物油脂から抽出・精製。d-α、d-β、d-γ（ガンマ）、d-δ（デルタ）-トコフェロールの混合物。安定剤として配合されている。	安定剤	安定剤	トコフェロール
銅クロロフィリンナトリウム クロロフィルより光に安定している黒青色の着色剤。染毛剤、パーマネントウェーブ用剤ともに着色剤として配合。	着色剤	着色剤 —	（クロロフィリン/銅）複合体 —
銅クロロフィル 緑色の着色剤。染毛剤、パーマネントウェーブ用剤ともに着色剤として配合。	着色剤	着色剤 —	銅クロロフィル —
軟質ラノリン脂肪酸 羊毛脂ラノリンの脂肪酸を精製したもの。乳化しやすい特徴がある。染毛剤、パーマネントウェーブ用剤ともに毛髪保護剤として配合。	毛髪保護剤 ハリ・コシ・ツヤ・コーティング	毛髪保護剤 同左	ラノリン脂肪酸 —
軟質ラノリン脂肪酸コレステリル 軟質ラノリンと脂肪酸とコレステロールのエステル。エモリエント性がある。パーマネントウェーブ剤において、湿潤剤、毛髪保護剤として配合。	#N/A —	湿潤剤/毛髪保護剤 ハリ・コシ・ツヤ・コーティング	ラノリン脂肪酸コレステリル

医薬部外品表示名称	染毛剤	パーマネントウェーブ用剤	化粧品表示名称 (参考)
二酸化炭素 染毛剤、パーマネントウェーブ用剤ともに噴射剤として配合。	噴射剤 エアゾール製品を噴出するガス	噴射剤 同左	二酸化炭素 —
乳酸 生物に多く含まれている有機酸だが、デンプンなどをもとに発酵させたり化学的に反応・合成されている。染毛剤、パーマネントウェーブ用剤ともにpH調整剤として配合。	pH調整剤 —	pH調整剤 —	乳酸 —
乳酸オクチルドデシル 顔料分散性、色素溶解性、油剤のべたつきを緩和する感触改良などに優れる。染毛剤、パーマネントウェーブ用剤ともに湿潤剤として配合。	湿潤剤 —	湿潤剤 —	乳酸オクチルドデシル —
乳酸セチル 乳酸とセタノール（高級アルコール）のエステル（化合物の一種）。油剤のべたつきを緩和する。染毛剤、パーマネントウェーブ用剤ともに湿潤剤として配合。	湿潤剤 —	湿潤剤 —	乳酸セチル —
乳酸ナトリウム 高い吸湿力がある天然系保湿成分。乳酸と水酸化ナトリウム溶液とを反応させて得られ、染毛剤、パーマネントウェーブ用剤ともにpH調整剤として配合。	pH調整剤 —	pH調整剤 —	— —
乳酸ナトリウム液 高い吸湿力がある天然系保湿成分。無色透明で粘性のある液体。乳酸と水酸化ナトリウム溶液とを反応させて得られ、染毛剤、パーマネントウェーブ用剤ともにpH調整剤として配合。	pH調整剤 —	pH調整剤 —	乳酸Na —
乳酸ミリスチル 乳酸とミリスチルアルコール（高級アルコール）のエステル（化合物の一種）。油剤のべたつきを緩和する。染毛剤、パーマネントウェーブ用剤ともに湿潤剤として配合。	湿潤剤 —	湿潤剤 —	乳酸ミリスチル —
乳酸ラウリル 乳酸とラウリルアルコール（高級アルコール）のエステル（化合物の一種）。油剤のべたつきを緩和する。染毛剤、パーマネントウェーブ用剤ともに湿潤剤として配合。	湿潤剤 —	湿潤剤 —	乳酸ラウリル —

医薬部外品表示名称	染毛剤	パーマネントウエーブ用剤	化粧品表示名称(参考)
乳脂 油剤。低級脂肪酸が多く、やや臭気がある油脂。油剤のべとつきを緩和する。染毛剤、パーマネントウェーブ用剤ともに湿潤剤として配合。	湿潤剤 —	湿潤剤 —	乳脂 —
乳糖 哺乳類の乳に含まれている糖類の一種。水とゆるく結合して水の蒸発を抑制する保湿効果に特に優れている。染毛剤、パーマネントウェーブ用剤ともに湿潤剤として配合。	湿潤剤 —	湿潤剤 —	乳糖 —
乳糖水和物 水が乳糖に加わってできた化合物。染毛剤、パーマネントウェーブ用剤ともに湿潤剤、毛髪保護剤として配合されている。	湿潤剤/毛髪保護剤 ハリ・コシ・ツヤ・コーティング	湿潤剤/毛髪保護剤 同左	—
尿素 無色〜白色の結晶または結晶性の粉末。軽度の殺菌作用があるが、毒性は極めて低い。染毛剤では湿潤剤として、パーマネントウェーブ用剤では湿潤剤、浸透剤として配合。	湿潤剤 —	湿潤剤/浸透剤 —	尿素 —
濃グリセリン 無色のやや粘性のある液体で、水分を吸収する。吸水性が高いことから、保湿効果を目的に幅広い製品に配合されている。染毛剤、パーマネントウェーブ用剤ともに湿潤剤として配合。	湿潤剤 —	湿潤剤 —	グリセリン —
馬脂 ウマ科動物ウマの皮下脂肪を原料とする動物性油脂。パーマネントウェーブ剤用に湿潤剤、毛髪保護剤として配合。化粧品においても広く使われている。	#N/A —	湿潤剤/毛髪保護剤 ハリ・コシ・ツヤ・コーティング	—
白色ワセリン 石油から結晶成分を取り出して精製して得られた、白色〜微黄色の半固形状の物質。染毛剤、パーマネントウェーブ用剤ともに基剤、毛髪保護剤として配合。	基剤/毛髪保護剤 剤のベース/ハリ・コシ	基剤/毛髪保護剤 同左	ワセリン —
白糖 精製した白色の砂糖。白砂糖。水とゆるく結合して水の蒸発を抑制する保湿効果に特に優れており、染毛剤、パーマネントウェーブ用剤ともに湿潤剤として配合。	湿潤剤 —	湿潤剤 —	スクロース —

医薬部外品表示名称		染毛剤	パーマネントウエーブ用剤	化粧品表示名称(参考)
白糖発酵液		#N/A	湿潤剤/毛髪保護剤	
白糖を発酵させたときに生じる液体。パーマネントウェーブ用剤に湿潤剤、毛髪保護剤として配合される。		—	ハリ・コシ・ツヤ・コーティング	—
氷酢酸		pH調整剤	pH調整剤	酢酸
酸剤。染毛剤、パーマネントウェーブ用剤ともにpH調整剤として配合。		—	—	—
没食子酸		安定剤	#N/A	没食子酸
有機化合物の一種。「ぼっしょくしさん」または「もっしょくしさん」と読む。没食子とは、ブナ科植物の若芽が変形して瘤（こぶ）になった状態のこと。この瘤をはじめ、多くの植物に含まれている。		—	—	—
没食子酸オクチル		安定剤	安定剤	没食子酸オクチル
没食子酸とオクチルアルコールの化合物。安定剤として配合。		—	—	—
没食子酸プロピル		安定剤	安定剤	没食子酸プロピル
染毛剤、パーマネントウェーブ用剤ともに安定剤として配合。他の酸化防止剤との併用で効果を発揮する。		—	—	—
水飴		湿潤剤/毛髪保護剤	湿潤剤/毛髪保護剤	加水分解デンプン
デンプンを分解すると生じるブドウ糖、麦芽糖、デキストリンなどが混ざったもの。染毛剤、パーマネントウェーブ用剤ともに湿潤剤、毛髪保護剤として配合。		ハリ・コシ・ツヤ・コーティング	同左	—
無水エタノール		溶剤	溶剤	エタノール
無色透明の揮発性の液体。穀類などのデンプンを発酵させてつくったり、化学的に合成してつくられる。染毛剤、パーマネントウェーブ用剤ともに溶剤として配合。		固体や液体を溶かす	同左	—
無水クエン酸		pH調整剤	pH調整剤	クエン酸
柑橘類の果実に多く含まれている有機酸で、動植物界に広く分布。デンプン類を発酵させてつくることもできる。染毛剤、パーマネントウェーブ用剤ともにpH調整剤として配合。		—	—	—
無水ピロリン酸ナトリウム		pH調整剤	pH調整剤	ピロリン酸4Na
ピロリン酸はニリン酸の意。染毛剤、パーマネントウェーブ用剤ともにpH調整剤として配合。		—	—	—

医薬部外品表示名称	染毛剤	パーマネントウェーブ用剤	化粧品表示名称 (参考)
無水メタケイ酸ナトリウム	アルカリ剤	#N/A	メタケイ酸Na
無色～白色の固体。形状はさまざまで、吸湿性。染毛剤にアルカリ剤として配合。	―	―	―
無水リン酸一水素ナトリウム	pH調整剤	pH調整剤	リン酸2Na
無色または白色の結晶で水によく溶け、水溶液は酸性を示す。染毛剤、パーマネントウェーブ用剤ともにpH調整剤として配合。	―	―	―
無水リン酸三ナトリウム	pH調整剤	pH調整剤	リン酸3Na
無色または白色の結晶で水によく溶け、水溶液は酸性を示す。染毛剤、パーマネントウェーブ用剤ともにpH調整剤として配合。	―	―	―
無水亜硫酸ナトリウム	安定剤	安定剤	亜硫酸Na
還元剤。酸の存在下で殺菌性がある。毒性は低い。染毛剤、パーマネントウェーブ用剤ともに安定剤として配合。	―	―	―
綿実油	基剤/毛髪保護剤	基剤/毛髪保護剤	シロバナワタ種子油
アオイ科植物シロバナワタの種子を原料とした油脂。基剤、毛髪保護剤として配合。	剤のベース/ハリ・コシ	同左	―
薬用石ケン	起泡剤	#N/A	石ケン素地
高級脂肪酸と水酸化カリウムとの中和反応、もしくは油脂を水酸化カリウムで加水分解してつくられる界面活性剤。一般に「石鹸」と呼ばれる成分。	―	―	―
油溶性アルニカエキス	湿潤剤/毛髪保護剤	湿潤剤/毛髪保護剤	アルニカ花エキス
キク科植物アルニカの花から抽出。成分としてフラボノイド、テルペンを含む。染毛剤、パーマネントウェーブ用剤ともに湿潤剤、毛髪保護剤として配合。	ハリ・コシ・ツヤ・コーティング	同左	―
油溶性オトギリソウエキス(1)	湿潤剤/毛髪保護剤	湿潤剤/毛髪保護剤	オトギリソウエキス
オトギリソウ科植物オトギリソウの全草から抽出。成分としてフラボノイドを含む。染毛剤、パーマネントウェーブ用剤ともに湿潤剤、毛髪保護剤として配合。	ハリ・コシ・ツヤ・コーティング	同左	―

医薬部外品表示名称	染毛剤	パーマネントウェーブ用剤	化粧品表示名称(参考)
油溶性オドリコソウエキス	湿潤剤/毛髪保護剤	湿潤剤/毛髪保護剤	オドリコソウエキス
シソ科植物オドリコソウの全草から抽出。成分としてタンニン、フラボノイドを含む。染毛剤、パーマネントウェーブ用剤ともに湿潤剤、毛髪保護剤として配合。	ハリ・コシ・ツヤ・コーティング	同左	—
油溶性カモミラエキス	湿潤剤/毛髪保護剤	湿潤剤/毛髪保護剤	カミツレ花/葉エキス
キク科植物カミツレの花および葉から抽出。消炎効果がある。染毛剤、パーマネントウェーブ用剤ともに湿潤剤、毛髪保護剤として配合。	ハリ・コシ・ツヤ・コーティング	同左	—
油溶性ゴボウエキス	湿潤剤/毛髪保護剤	湿潤剤/毛髪保護剤	ゴボウ根エキス
キク科植物ゴボウの根から抽出されたエキス、成分としてイヌリン、タンニン、多糖類を多く含む。染毛剤、パーマネントウェーブ用剤ともに湿潤剤、毛髪保護剤として配合。	ハリ・コシ・ツヤ・コーティング	同左	—
油溶性シコンエキス(1)	湿潤剤/毛髪保護剤	湿潤剤/毛髪保護剤	ムラサキ根エキス
ムラサキ科植物ムラサキの根から抽出。成分としてシコニンを含む。抗菌効果などがある。	ハリ・コシ・ツヤ・コーティング	同左	—
油溶性シナノキエキス	湿潤剤/毛髪保護剤	湿潤剤/毛髪保護剤	シナノキエキス
シナノキ科植物シナノキの花および葉から抽出。成分としてタンニンを含む。染毛剤、パーマネントウェーブ用剤ともに湿潤剤、毛髪保護剤として配合。	ハリ・コシ・ツヤ・コーティング	同左	—
油溶性ショウキョウエキス	湿潤剤/毛髪保護剤	湿潤剤/毛髪保護剤	ショウガ根エキス
ショウガ科植物ショウガの根から抽出。染毛剤、パーマネントウェーブ用剤ともに湿潤剤、毛髪保護剤として配合。	ハリ・コシ・ツヤ・コーティング	同左	—
油溶性スギナエキス	湿潤剤/毛髪保護剤	湿潤剤/毛髪保護剤	スギナエキス
トクサ科植物スギナの全草から抽出。有機ケイ素、フラボノイド、サポニンを含む。染毛剤、パーマネントウェーブ用剤ともに湿潤剤、毛髪保護剤として配合。	ハリ・コシ・ツヤ・コーティング	同左	—
油溶性セージエキス	湿潤剤/毛髪保護剤	湿潤剤/毛髪保護剤	セージ葉エキス
シソ科植物セージの葉から抽出。成分にフラボノイド、タンニン、精油を含む。染毛剤、パーマネントウェーブ用剤ともに湿潤剤、毛髪保護剤として配合。	ハリ・コシ・ツヤ・コーティング	同左	—

医薬部外品表示名称	染毛剤	パーマネントウェーブ用剤	化粧品表示名称（参考）
油溶性トウキンセンカエキス キク科植物トウキンセンカの花から抽出。成分としてフラボノイドなどを含む。染毛剤、パーマネントウェーブ用剤ともに湿潤剤、毛髪保護剤として配合。	湿潤剤/毛髪保護剤 ハリ・コシ・ツヤ・コーティング	湿潤剤/毛髪保護剤 同左	トウキンセンカ花油またはトウキンセンカ花エキス ―
油溶性ニンジンエキス（2） ウコギ科植物オタネニンジンの根から抽出。成分としてサポニンを含む。染毛剤、パーマネントウェーブ用剤ともに湿潤剤、毛髪保護剤として配合。	湿潤剤/毛髪保護剤 ハリ・コシ・ツヤ・コーティング	湿潤剤/毛髪保護剤 同左	オタネニンジン根エキス ―
油溶性マロニエエキス トチノキ科植物セイヨウトチノキ（マロニエ）の樹皮から抽出。染毛剤、パーマネントウェーブ用剤ともに湿潤剤、毛髪保護剤として配合。	湿潤剤/毛髪保護剤 ハリ・コシ・ツヤ・コーティング	湿潤剤/毛髪保護剤 同左	セイヨウトチノキ樹皮エキス ―
油溶性ヨクイニンエキス イネ科植物ハトムギの種子から抽出。民間では「イボ取り」の効果で有名。染毛剤、パーマネントウェーブ用剤ともに湿潤剤、毛髪保護剤として配合。	湿潤剤/毛髪保護剤 ハリ・コシ・ツヤ・コーティング	湿潤剤/毛髪保護剤 同左	ハトムギ種子エキス ―
油溶性ローズマリーエキス（1） シソ科植物マンネンロウの全草から抽出。成分として精油、フラボノイド、タンニンを含み、特にロズマリン酸を多く含む。染毛剤、パーマネントウェーブ用剤ともに湿潤剤、毛髪保護剤として配合。	湿潤剤/毛髪保護剤 ハリ・コシ・ツヤ・コーティング	湿潤剤/毛髪保護剤 同左	ローズマリーエキス ―
油溶性ローズマリーエキス（2） シソ科植物マンネンロウの全草から抽出。成分として精油、フラボノイド、タンニンを含み、特にロズマリン酸を多く含む。染毛剤、パーマネントウェーブ用剤ともに湿潤剤、毛髪保護剤として配合。油溶性ローズマリーエキス（1）とは抽出法が異なる。	湿潤剤/毛髪保護剤 ハリ・コシ・ツヤ・コーティング	湿潤剤/毛髪保護剤 同左	ローズマリーエキス ―
卵黄レシチン マメ科植物ダイズ、卵黄より抽出され、主としてリン脂質からなる原料。細胞間脂質と同様の性質を持ち、染毛剤、パーマネントウェーブ用剤ともに毛髪保護剤として配合。	毛髪保護剤 ハリ・コシ・ツヤ・コーティング	毛髪保護剤 同左	レシチン ―
卵黄油 ニワトリの卵黄から得られる、油剤・リン脂質（乳化作用あり）を含む脂肪油。皮膚のコンディショニング剤としても使われることがある。染毛剤、パーマネントウェーブ用剤ともに湿潤剤、毛髪保護剤として配合。	湿潤剤/毛髪保護剤 ハリ・コシ・ツヤ・コーティング	湿潤剤/毛髪保護剤 同左	卵黄油 ―

医薬部外品表示名称	染毛剤	パーマネントウェーブ用剤	化粧品表示名称（参考）
流動イソパラフィン イソブチレンの重合体に水素を添加して得る油剤（液状オイル）。染毛剤、パーマネントウェーブ用剤ともに、剤のベースとして配合。防水性のある化粧品や、日焼け止め製品などにも応用されている。	基剤 剤のベース	基剤 同左	水添ポリイソブテン —
流動パラフィン 石油からさまざまな精製過程を経て得られた無色透明の液状オイル。低刺激性で安全性・安定性が高く、幅広く使われている。染毛剤、パーマネントウェーブ用剤ともに、剤のベースとして配合。	基剤 剤のベース	基剤 同左	ミネラルオイル —
硫酸 化学、工業分野で広く使われている無色無臭の液体。強い酸化力がある。染毛剤、パーマネントウェーブ剤ともにpH調整剤として配合。	pH調整剤 —	pH調整剤 —	硫酸 —
粒状トウモロコシデンプン イネ科植物トウモロコシの種子の胚乳から得られるデンプンを粒状にしたもの。染毛剤において、湿潤剤、毛髪保護剤として配合。	湿潤剤/毛髪保護剤 ハリ・コシ・ツヤ・コーティング	#N/A —	— —

英語で始まる
成分用語

染毛剤、パーマネントウェーブ用剤(いずれも医薬部外品)に
配合されている成分の中で、
成分名の頭文字が英語で始まる用語の
配合目的、役割などを紹介します。

※アルファベット順
※一覧表の中にある「#N/A」は、染毛剤またはパーマネントウェーブ用剤で使用できない成分です。

医薬部外品表示名称	染毛剤	パーマネントウェーブ用剤	化粧品表示名称（参考）
dl-α-トコフェロール	安定剤	安定剤	トコフェロール
黄色〜黄褐色でやや粘性のある液体。水にほとんど溶けず、アルコールやオイルに溶ける。抗酸化作用があり、広範囲で使われている成分。染毛剤、パーマネントウェーブ用剤ともに安定剤として配合。	—	—	—
DL-アラニン	湿潤剤/毛髪処理剤/毛髪保護剤	湿潤剤/毛髪処理剤/毛髪保護剤	アラニン
アミノ酸類の1つ。天然保湿因子（NMF）の主成分で、たんぱく質のもとになっている成分。染毛剤、パーマネントウェーブ用剤ともに湿潤剤、毛髪処理剤、毛髪保護剤として配合。	ハリ・コシ・ツヤ・コーティング	同左	—
dl-カンフル	湿潤剤	湿潤剤	カンフル
合成の樟脳（しょうのう。衣類の虫よけや芳香剤などにも用いられ、特有の香りを持つ。天然の樟脳はクスノキ科植物クスノキに含まれている）を使用し、染毛剤・パーマネントウェーブ用剤ともに湿潤剤として配合。白色半透明の結晶または結晶性の粉末で、アルコールに溶けやすい。	—	—	—
DL-システイン	安定剤	安定剤	システイン
パーマのダメージ対策として、たんぱく質を構成するアミノ酸の一種であるシステインを使った薬剤を改良し、水への溶解度を高め、沈殿を防ぐことで扱いやすくした成分。	—	—	—
DL-セリン	湿潤剤/毛髪処理剤/毛髪保護剤	湿潤剤/毛髪処理剤/毛髪保護剤	セリン
アミノ酸類の1つ。天然保湿因子（NMF）の主成分で、たんぱく質のもとになっている成分。保湿効果が高い。染毛剤、パーマネントウェーブ用剤ともに湿潤剤、毛髪処理剤、毛髪保護剤として配合。	ハリ・コシ・ツヤ・コーティング	同左	—
DL-トレオニン	湿潤剤/毛髪処理剤/毛髪保護剤	#N/A	トレオニン
アミノ酸類の1つ。天然保湿因子（NMF）の主成分で、たんぱく質の元になっている成分。皮膚コンディショニング剤やヘアコンディショニング剤に配合されることも。	ハリ・コシ・ツヤ・コーティング	—	—
DL-パントテニルアルコール	湿潤剤/毛髪保護剤	湿潤剤/毛髪保護剤	パンテノール
パントテン酸のアルコール型誘導体で、アルコールに溶ける。無色で粘性のある液体。染毛剤、パーマネントウェーブ用剤ともに湿潤剤、毛髪保護剤として配合。	ハリ・コシ・ツヤ・コーティング	同左	—
DL-ピロリドンカルボン酸	湿潤剤	湿潤剤	PCA
グルタミン酸を150℃以下で加熱すると生じる白色の結晶または結晶性の粉末。皮膚や毛髪に温潤性、柔軟性、弾力性を与える。染毛剤、パーマネントウェーブ用剤ともに湿潤剤として配合。	—	—	—

医薬部外品表示名称	染毛剤	パーマネントウエーブ用剤	化粧品表示名称(※※)
DL-ピロリドンカルボン酸トリエタノールアミン 人間の皮膚にも存在するアミノ酸誘導体、ピロリドンカルボン酸(PCA)にトリエタノールアミン(TEA)の保湿性を加えたもの。染毛剤、パーマネントウェーブ用剤ともに湿潤剤として配合。	湿潤剤 —	湿潤剤 —	PCA-TEA —
DL-ピロリドンカルボン酸ナトリウム液 天然保湿因子の1つ。自然界では大豆、糖蜜、野菜類などの植物にも含まれている。白色の結晶または結晶性の粉末で、水によく溶ける。染毛剤、パーマネントウェーブ用剤ともに湿潤剤として配合。	湿潤剤 —	湿潤剤 —	PCA-Na —
dl-メントール シソ科植物ハッカに多く含まれる成分で、ハッカ臭のある透明〜白色の結晶または結晶性の粉末。合成によってもつくられる。染毛剤、パーマネントウェーブ用剤ともに、着香剤として配合。	着香剤 —	着香剤 —	メントール —
DL-リンゴ酸 自然界では果物に多く含まれる有機酸で、人工的な原料としてはフマル酸やブドウ糖などから合成してつくられる。白色の結晶または結晶性の粉末で、水溶性。	pH調整剤 —	pH調整剤 —	リンゴ酸 —
DL-リンゴ酸ナトリウム 白色の結晶性の粉末またはかたまり。染毛剤、パーマネントウェーブ用剤ともにアルカリ剤、pH調整剤として配合。食品における塩味の低減・低塩化や、保存性の向上に用いられることも。	pH調整剤 —	pH調整剤 —	リンゴ酸Na —
d-δ-トコフェロール 黄色〜黄褐色でやや粘性のある液体。水にほとんど溶けず、アルコールやオイルに溶ける。染毛剤、パーマネントウェーブ用剤ともに安定剤として配合。抗酸化作用があり、広範囲に使われている成分。	安定剤 —	安定剤 —	トコフェロール —
d-カンフル クスノキ科植物クスノキに多量に含まれ、クスノキの木片から水蒸気蒸留という方法で抽出した天然の樟脳(しょうのう)。衣類の虫よけや芳香剤などに用いられる)を使用。白色半透明の結晶または結晶性の粉末で、アルコールに溶けやすい。	湿潤剤 —	湿潤剤 —	カンフル —
D-パントテニルアルコール パントテン酸のアルコール型誘導体で、アルコールに溶ける。無色で粘性のある液体。染毛剤、パーマネントウェーブ用剤ともに湿潤剤として配合。	湿潤剤 —	湿潤剤 —	パンテノール —

医薬部外品表示名称	染毛剤	パーマネントウェーブ用剤	化粧品表示名称 (参考)
D-マンニット 染毛剤、パーマネントウェーブ用剤ともに湿潤剤として配合。水とゆるく結合して水の蒸発を抑制するなど、保湿効果が特に優れている。	湿潤剤 —	湿潤剤 —	マンニトール —
L-アスコルビン酸 ビタミンCのこと。染毛剤、パーマネントウェーブ用剤ともに安定剤として配合。水溶液で不安定なので、安定性の高いさまざまな誘導体が開発され、代表的なものとしてアスコルビルグルコシド、リン酸アスコルビルMgがよく使用されている。	安定剤 —	安定剤 —	アスコルビン酸 —
L-アスコルビン酸ナトリウム 白～帯黄白色の結晶性粉末または粒状。染毛剤、パーマネントウェーブ用剤ともに安定剤として配合。飲料や食料品では酸化防止剤として使われることも。	安定剤 —	安定剤 —	アスコルビン酸Na —
L-アスコルビン酸硫酸エステル二ナトリウム アスコルビン酸 (ビタミンC) に硫酸を結合させた水溶性のビタミンC誘導体。エチルアルコールや油脂に溶けず、光や熱刺激に強い特性がある。染毛剤、パーマネントウェーブ用剤ともに安定剤として配合。	安定剤	安定剤	アスコルビン酸硫酸2Na
L-アスパラギン酸 アミノ酸類の1つ。天然保湿因子 (NMF) の主成分で、タンパク質のもとになっている成分。保湿効果が高い。染毛剤、パーマネントウェーブ用剤ともに湿潤剤、毛髪処理剤、毛髪保護剤として配合。	湿潤剤/毛髪処理剤/毛髪保護剤 ハリ・コシ・ツヤ・コーティング	湿潤剤/毛髪処理剤/毛髪保護剤 同左	アスパラギン酸 —
L-アスパラギン酸ナトリウム L-アスパラギン酸を水酸化ナトリウムで中和して得られる。うま味、塩からい味を持ち、食品の調味料としても用いられている。染毛剤、パーマネントウェーブ用剤ともに湿潤剤、毛髪処理剤、毛髪保護剤として配合。	湿潤剤/毛髪処理剤/毛髪保護剤 ハリ・コシ・ツヤ・コーティング	湿潤剤/毛髪処理剤/毛髪保護剤 同左	アスパラギン酸Na —
L-アラニン アミノ酸類の1つ。天然保湿因子 (NMF) の主成分で、タンパク質のもとになっている成分。保湿効果が高い。染毛剤、パーマネントウェーブ用剤ともに湿潤剤、毛髪処理剤、毛髪保護剤として配合。	湿潤剤/毛髪処理剤/毛髪保護剤 ハリ・コシ・ツヤ・コーティング	湿潤剤/毛髪処理剤/毛髪保護剤 同左	アラニン
L-アルギニン アミノ酸類の1つ。天然保湿因子 (NMF) の主成分で、染毛剤、パーマネントウェーブ用剤ともに、アルカリ剤、pH調整剤、湿潤剤、毛髪処理剤、毛髪保護剤として配合。	アルカリ剤/pH調整剤/湿潤剤/毛髪処理剤/毛髪保護剤 —	アルカリ剤/pH調整剤/湿潤剤/毛髪処理剤/毛髪保護剤 —	アルギニン —

ア行 カ行 サ行 タ行 ナ行 ハ行 マ行 ヤ行 ラ行 ワ行 漢字 **英字** 数字

医薬部外品表示名称	染毛剤	パーマネントウエーブ用剤	化粧品表示名称 (**)
L-アルギニンL-グルタミン酸塩 アミノ酸類の1つ。ほぼ無臭の白色粉末。染毛剤、パーマネントウェーブ用剤ともに湿潤剤、毛髪処理剤、毛髪保護剤として配合。一般では調味料として使われることもある。	湿潤剤/毛髪処理剤/毛髪保護剤 ハリ・コシ・ツヤ・コーティング	湿潤剤/毛髪処理剤/毛髪保護剤 同左	— —
L-イソロイシン アミノ酸類の1つ。天然保湿因子（NMF）の主成分で、タンパク質のもとになっている成分。保湿効果が高い。染毛剤、パーマネントウェーブ用剤ともに湿潤剤、毛髪処理剤、毛髪保護剤として配合。	湿潤剤/毛髪処理剤/毛髪保護剤 ハリ・コシ・ツヤ・コーティング	湿潤剤/毛髪処理剤/毛髪保護剤 同左	イソロイシン —
L-オキシプロリン アミノ酸類の1つ。天然保湿因子（NMF）の主成分で、タンパク質のもとになっている成分。染毛剤、パーマネントウェーブ用剤ともに湿潤剤、毛髪処理剤、毛髪保護剤として配合。保湿効果が高い。ゼラチンに多く含まれる。	湿潤剤/毛髪処理剤/毛髪保護剤 ハリ・コシ・ツヤ・コーティング	湿潤剤/毛髪処理剤/毛髪保護剤 同左	ヒドロキシプロリン —
L-グルタミン酸 アミノ酸類の1つ。天然保湿因子（NMF）の主成分で、タンパク質のもとになっている成分。保湿効果が高い。染毛剤において、湿潤剤、毛髪処理剤、毛髪保護剤として配合。	湿潤剤/毛髪処理剤/毛髪保護剤 ハリ・コシ・ツヤ・コーティング	#N/A —	グルタミン酸 —
L-グルタミン酸ナトリウム グルタミン酸は、アミノ酸の中では比較的水に溶けにくい性質があるため、ナトリウム塩と化合させて水溶性を高めたもの。染毛剤において、湿潤剤、毛髪処理剤、毛髪保護剤として配合。	湿潤剤/毛髪処理剤/毛髪保護剤 ハリ・コシ・ツヤ・コーティング	#N/A —	グルタミン酸Na —
L-シスチン システインが酸化したもの。たんぱく質を構成するアミノ酸の一種で、毛髪に含まれている。染毛剤、パーマネントウェーブ用剤ともに湿潤剤、毛髪処理剤、毛髪保護剤として配合。	湿潤剤/毛髪処理剤/毛髪保護剤 ハリ・コシ・ツヤ・コーティング	湿潤剤/毛髪処理剤/毛髪保護剤 同左	シスチン —
L-システイン シスチンが還元・分解したもの。たんぱく質を構成するアミノ酸の一種で、毛髪に含まれている。化学的には不安定で、酸化されやすい。染毛剤、パーマネントウェーブ用剤ともに安定剤として配合。	安定剤 —	安定剤 —	システイン —
L-システイン塩酸塩 不安定で酸化されやすいL-システインを、化学的に安定化させるため、塩酸塩の形にしたもの。染毛剤、パーマネントウェーブ用剤ともに安定剤として配合。シャンプー類、育毛剤、薬用化粧品、薬用歯磨きなどにも配合されている。	安定剤 —	安定剤 —	システインHCl —

医薬部外品表示名称	染毛剤	パーマネントウエーブ用剤	化粧品表示名称 (参考)
L-スレオニン	湿潤剤/毛髪処理剤/毛髪保護剤	湿潤剤/毛髪処理剤/毛髪保護剤	トレオニン
アミノ酸類の1つ。天然保湿因子（NMF）の主成分で、染毛剤、パーマネントウェーブ用剤ともに湿潤剤、毛髪処理剤、毛髪保護剤として配合。天然アミノ酸として自然界に存在するスレオニンをL-スレオニンという。	ハリ・コシ・ツヤ・コーティング	同左	—
L-セリン	湿潤剤/毛髪処理剤/毛髪保護剤	湿潤剤/毛髪処理剤/毛髪保護剤	セリン
たんぱく質を構成するたんぱく質を構成するアミノ酸。天然保湿因子（NMF）の主成分。保湿効果が高い。染毛剤、パーマネントウェーブ用剤ともに湿潤剤、毛髪処理剤、毛髪保護剤として配合。	ハリ・コシ・ツヤ・コーティング	同左	—
L-チロシン	湿潤剤/毛髪処理剤/毛髪保護剤	湿潤剤/毛髪処理剤/毛髪保護剤	チロシン
皮膚や毛髪に含まれているアミノ酸。天然保湿因子（NMF）の主成分。保湿効果が高い。染毛剤、パーマネントウェーブ用剤ともに湿潤剤、毛髪処理剤、毛髪保護剤として配合。	ハリ・コシ・ツヤ・コーティング	同左	—
L-トリプトファン	湿潤剤/毛髪処理剤/毛髪保護剤	湿潤剤/毛髪処理剤/毛髪保護剤	トリプトファン
各種のたんぱく質に少量存在。人体では合成されない。ビタミンの一種・ニコチン酸や血圧上昇物質セロトニンへの変化など、生命維持に欠かせない重要なアミノ酸。染毛剤、パーマネントウェーブ用剤ともに湿潤剤、毛髪処理剤、毛髪保護剤として配合。	ハリ・コシ・ツヤ・コーティング	同左	—
L-バリン	湿潤剤/毛髪処理剤/毛髪保護剤	湿潤剤/毛髪処理剤/毛髪保護剤	バリン
アミノ酸類の1つ。天然保湿因子（NMF）の主成分で、タンパク質のもとになっている成分。名前の由来はオミエナシ科植物セイヨウカノコソウ（英名ヴァレリアン）。染毛剤、パーマネントウェーブ用剤ともに湿潤剤、毛髪処理剤、毛髪保護剤として配合。	ハリ・コシ・ツヤ・コーティング	同左	—
L-ヒスチジン塩酸塩	湿潤剤/毛髪処理剤/毛髪保護剤	#N/A	ヒスチジンHCl
脱脂大豆加水分解物からリジンを分離する際の副産物。白色の結晶または結晶性の粉末。染毛剤、パーマネントウェーブ用剤ともに湿潤剤、毛髪処理剤、毛髪保護剤として配合。	ハリ・コシ・ツヤ・コーティング	—	—
L-ピロリドンカルボン酸	#N/A	湿潤剤	PCA
グルタミン酸を150℃以下に加熱すると生じる白色の結晶または結晶性の粉末。パーマネントウェーブ用剤において、湿潤剤として配合。	—	—	—
L-フェニルアラニン	湿潤剤/毛髪処理剤/毛髪保護剤	湿潤剤/毛髪処理剤/毛髪保護剤	フェニルアラニン
アミノ酸類の1つ。天然保湿因子（NMF）の主成分で、タンパク質のもとになっている成分。自然界に存在する化合物。染毛剤、パーマネントウェーブ用剤ともに湿潤剤、毛髪処理剤、毛髪保護剤として配合。	ハリ・コシ・ツヤ・コーティング	同左	—

医薬部外品表示名称	染毛剤	パーマネントウエーブ用剤	化粧品表示名称（参考）
L-プロリン	湿潤剤/毛髪処理剤/毛髪保護剤	湿潤剤/毛髪処理剤/毛髪保護剤	プロリン
アミノ酸類の1つ。天然保湿因子（NMF）の主成分。ゼラチン（コラーゲンを煮沸して変性したもの）に多く含まれている。染毛剤、パーマネントウェーブ用剤ともに湿潤剤、毛髪処理剤、毛髪保護剤として配合。	ハリ・コシ・ツヤ・コーティング	同左	—
L-メチオニン	湿潤剤/毛髪処理剤/毛髪保護剤	湿潤剤/毛髪処理剤/毛髪保護剤	メチオニン
白色の結晶または結晶性の粉末。イオウ分子を含むアミノ酸で水に溶けやすく、アルコールに溶けにくい。染毛剤、パーマネントウェーブ用剤ともに湿潤剤、毛髪処理剤、毛髪保護剤として配合。特異なにおいがあるため、香料によるマスキングが必要。	ハリ・コシ・ツヤ・コーティング	同左	—
l-メントール	着香剤	着香剤	メントール
シソ科植物ハッカに多く含まれる成分で、ハッカ臭のある透明～白色の結晶または結晶性の粉末。合成によってもつくられる。鎮静効果や細胞を活性化する効果、配合成分の浸透促進効果もある。dl-メントールより風味がよい。	—	—	—
L-リジン液	#N/A	湿潤剤/毛髪処理剤/毛髪保護剤	リシン
アミノ酸類の1つ。天然保湿因子（NMF）の主成分。トウダイグサ科植物トウゴマの種子から抽出されるたんぱく質を液状にしたもの。トウゴマの種子から得られる油をヒマシ油という。	—	ハリ・コシ・ツヤ・コーティング	
L-リジン塩酸塩	湿潤剤/毛髪処理剤/毛髪保護剤	湿潤剤/毛髪処理剤/毛髪保護剤	リシンHCl
リジン（リシン）と塩酸との反応で得られるアミノ酸類の1つ。染毛剤、パーマネントウェーブ用剤ともに湿潤剤、毛髪処理剤、毛髪保護剤として配合。	ハリ・コシ・ツヤ・コーティング	同左	—
L-ロイシン	湿潤剤/毛髪処理剤/毛髪保護剤	湿潤剤/毛髪処理剤/毛髪保護剤	ロイシン
アミノ酸類の1つ。天然保湿因子（NMF）の主成分。ほとんどのたんぱく質に含まれている。染毛剤、パーマネントウェーブ用剤ともに湿潤剤、毛髪処理剤、毛髪保護剤として配合。	ハリ・コシ・ツヤ・コーティング	同左	—
N-［2-ヒドロキシ-3-［3-（ジヒドロキシメチルシリル）プロポキシ］プロピル］加水分解コラーゲン	#N/A	湿潤剤/毛髪保護剤	（ジヒドロキシメチルシリルプロポキシ）ヒドロキシプロピル加水分解コラーゲン
グリシドキシプロピルメチルジヒドロキシシランと加水分解コラーゲンの化合物。パーマネントウェーブ用剤において、湿潤剤、毛髪保護剤として配合。	—	ハリ・コシ・ツヤ・コーティング	—
N-［2-ヒドロキシ-3-［3-（ジヒドロキシメチルシリル）プロポキシ］プロピル］加水分解シルク	#N/A	湿潤剤/毛髪保護剤	（ジヒドロキシメチルシリルプロポキシ）ヒドロキシプロピル加水分解シルク
グリシドキシプロピルメチルジヒドロキシシランと加水分解シルクの化合物。シリコーンとペプチド（加水分解シルク）の優れた特長を併せ持つ。パーマネントウェーブ用剤において、湿潤剤、毛髪保護剤として配合。	—	ハリ・コシ・ツヤ・コーティング	—

医薬部外品表示名称	染毛剤	パーマネントウエーブ用剤	化粧品表示名称（参考）
N ε-ラウロイル-L-リジン ラウリン酸と、アミノ酸のリシンの縮合反応でつくられ、白色または薄黄色の粉末で滑沢性がよい。染毛剤、パーマネントウェーブ用剤ともに毛髪保護剤として配合。	毛髪保護剤 ハリ・コシ・ツヤ・コーティング	毛髪保護剤 同左	ラウロイルリシン —
N-アシル-L-グルタミン酸トリエタノールアミン ヤシ油脂肪酸とグルタミン酸との化合物と、トリエタノールアミン（有機アルカリ剤で、脂肪酸と反応して石鹸になる成分）が化合した界面活性剤。染毛剤・パーマネントウェーブ用剤ともに、起泡剤または乳化剤として配合。	起泡剤/乳化剤 —	起泡剤/乳化剤 —	ココイルグルタミン酸TEA —
N-アシル-L-グルタミン酸ナトリウム ヤシ油脂肪酸とグルタミン酸との縮合物と、ナトリウムが化合した界面活性剤。染毛剤・パーマネントウェーブ用剤ともに、起泡剤または乳化剤として配合。	起泡剤/乳化剤 —	起泡剤/乳化剤 —	ココイルグルタミン酸Na —
N-アセチル-L-システイン アセチルとシステインの化合物。フケとりに使われる、殺菌性がある強酸性物質。染毛剤、パーマネントウェーブ用剤ともに安定剤として配合。	安定剤 —	安定剤 —	アセチルシステイン —
N-ステアロイル-L-グルタミン酸ナトリウム 水素添加した牛脂脂肪酸（ステアリン酸）と、アミノ酸の一種であるグルタミン酸との縮合物に、ナトリウムが化合した界面活性剤。染毛剤・パーマネントウェーブ用剤ともに、起泡剤または乳化剤として配合。	起泡剤/乳化剤 —	起泡剤/乳化剤 —	水添タロウグルタミン酸Na —
N-ステアロイル-L-グルタミン酸ニナトリウム 水素添加した牛脂脂肪酸（ステアリン酸）と、アミノ酸の一種であるグルタミン酸との縮合物に、ナトリウムが化合した界面活性剤。染毛剤・パーマネントウェーブ用剤ともに、起泡剤または乳化剤として配合。N-ステアロイル-L-グルタミン酸ナトリウムに比べて、ナトリウム原子が2つあり、水への溶解度が高い。	起泡剤/乳化剤 —	起泡剤/乳化剤 —	水添タロウグルタミン酸2Na —
N-ステアロイル-N-メチルタウリンナトリウム 水溶性の界面活性剤。牛脂脂肪酸（ステアリン酸）とタウリン（アミノ酸の一種）の化合物。タウリンは主に軟体動物（イカ・タコなど）に存在する。染毛剤・パーマネントウェーブ用剤ともに、起泡剤または乳化剤として配合。	起泡剤/乳化剤 —	起泡剤/乳化剤 —	ステアロイルメチルタウリンNa —
N-パルミトイル-L-アスパラギン酸ジエチル パーム油（ヤシ油）に多く含まれるパルミチン酸（脂肪酸の一種）と、アミノ酸の一種であるアスパラギン酸の化合物。界面活性剤。染毛剤・パーマネントウェーブ用剤ともに、起泡剤または乳化剤として配合。	起泡剤/乳化剤 —	起泡剤/乳化剤 —	パルミトイルアスパラギン酸ジエチル —

医薬部外品表示名称	染毛剤	パーマネントウェーブ用剤	化粧品表示名称(※※)
N-ミリストイル-L-グルタミン酸ナトリウム	起泡剤/乳化剤	起泡剤/乳化剤	ミリストイルグルタミン酸Na
パーム油（ヤシ油）に多く含まれるミリスチン酸（脂肪酸の一種）と、アミノ酸の一種であるグルタミン酸の化合物。界面活性剤。染毛剤・パーマネントウェーブ用剤ともに、起泡剤または乳化剤として配合。	―	―	―
N-メタクリロイルオキシエチルN,N-ジメチルアンモニウム-α-N-メチルカルボキシベタイン・メタクリル酸アルキルエステル共重合体液	毛髪処理剤/毛髪保護剤	毛髪処理剤/毛髪保護剤	（メタクリロイルオキシエチルカルボキシベタイン/メタクリル酸アルキル）コポリマー
ヒユ科植物ビート（糖類の原料の一種）と石油による合成ポリマー。染毛剤、パーマネントウェーブ用剤ともに毛髪処理剤、毛髪保護剤として配合。	ハリ・コシ・ツヤ・コーティング	同左	
N-メチルピロリドン	溶剤	溶剤	メチルピロリドン
脂肪酸、バターその他の油脂中にある酪酸から合成された溶剤。染毛剤、パーマネントウェーブ用剤ともに溶剤として配合。	固体や液体を溶かす	同左	―
N-ヤシ油脂肪酸アシル-L-アルギニンエチル・DL-ピロリドンカルボン酸塩	帯電防止剤	帯電防止剤	―
トウモロコシなど植物の糖から抽出した界面活性剤。トリートメントやリンスでは、コンディショニング効果を高める目的で使用。染毛剤、パーマネントウェーブ用剤ともに、帯電防止剤として配合。	―	―	
N-ヤシ油脂肪酸アシル-L-グルタミン酸トリエタノールアミン液	起泡剤/乳化剤	起泡剤/乳化剤	ココイルグルタミン酸TEA
ヤシ油脂肪酸とグルタミン酸との化合物と、トリエタノールアミン（有機アルカリ剤で、脂肪酸と反応して石鹸になる成分）が化合した界面活性剤。染毛剤・パーマネントウェーブ用剤ともに、起泡剤または乳化剤として配合。	―	―	―
N-ヤシ油脂肪酸アシル-L-グルタミン酸ナトリウム	起泡剤/乳化剤	起泡剤/乳化剤	ココイルグルタミン酸Na
ヤシ油脂肪酸とグルタミン酸との縮合物と、ナトリウムが化合した界面活性剤。染毛剤・パーマネントウェーブ用剤ともに、起泡剤または乳化剤として配合。	―	―	―
N-ヤシ油脂肪酸アシル-N'-カルボキシエチル-N'-ヒドロキシエチルエチレンジアミンナトリウム	起泡剤/乳化剤	起泡剤/乳化剤	ココアンホプロピオン酸Na
ヤシ油由来の界面活性剤。染毛剤、パーマネントウェーブ用剤ともに起泡剤、乳化剤として配合。	―	―	―
N-ヤシ油脂肪酸アシル-N'-カルボキシエトキシエチル-N'-カルボキシエチルエチレンジアミンニナトリウム液	起泡剤/乳化剤	起泡剤/乳化剤	ココアンホジプロピオン酸2Na
ヤシ、石油、無機物による界面活性剤。染毛剤、パーマネントウェーブ用剤ともに起泡剤、乳化剤として配合。	―	―	―

| --- | --- | --- | --- |
N-ヤシ油脂肪酸アシル-N-カルボキシメトキシエチル-N-カルボキシメチルエチレンジアミンニナトリウム	起泡剤/乳化剤	起泡剤/乳化剤	ココアンホジ酢酸2Na
カチオン基（陽イオン）とアニオン基（陰イオン）の両方を分子の中に持っている界面活性剤。染毛剤、パーマネントウェーブ用剤ともに起泡剤、乳化剤として配合。	—	—	
N-ラウロイル-L-グルタミン酸ジ（フィトステリル・2-オクチルドデシル）	毛髪保護剤	毛髪保護剤	ラウロイルグルタミン酸ジ（フィトステリル/オクチルドデシル）
ラウロイルグルタミン酸とフィトステロールおよびオクチルドデカノールの混合物のジエステル（化合物の一種）。柔軟効果と水分保持効果が高く、染毛剤、パーマネントウェーブ用剤ともに毛髪保護剤として配合。	ハリ・コシ・ツヤ・コーティング	同左	
N-ラウロイル-L-グルタミン酸ナトリウム	起泡剤/乳化剤	起泡剤/乳化剤	ラウロイルグルタミン酸Na
ラウリン酸（パーム油やヤシ油に含まれる脂肪酸の一種）とグルタミン酸（緑茶、昆布、チーズ、シイタケ、トマト、魚介類等に多く含まれるアミノ酸）との縮合物と、ナトリウムが化合した界面活性剤。染毛剤・パーマネントウェーブ用剤ともに、起泡剤または乳化剤として配合。	—	—	
N-ラウロイル-N'-カルボキシメトキシエチル-N'-カルボキシメチルエチレンジアミンニナトリウムドデカノイルサルコシン	起泡剤/乳化剤	起泡剤/乳化剤	ラウロアンホジ酢酸2Na/ラウロイルサルコシン
ラウリン酸（パーム油やヤシ油に含まれる脂肪酸の一種）と石油を合成し、ナトリウムと化合させたラウロアンホジ酢酸2Naと、ラウリン酸とサルコシン（天然アミノ酸）の化合物との複合体。界面活性剤。染毛剤・パーマネントウェーブ用剤ともに、起泡剤または乳化剤として配合。	—	—	
N-ラウロイル-N-メチル-β-アラニントリエタノールアミン液	#N/A	起泡剤	ラウロイルメチルアラニンTEA
ラウリン酸（パーム油やヤシ油に含まれる脂肪酸の一種）とアラニン（たんぱく質に含まれているアミノ酸）の化合物と、トリエタノールアミン（有機アルカリ剤で、脂肪酸と反応して石鹸になる成分）が化合した界面活性剤。パーマネントウェーブ用剤で起泡剤として配合。	—	—	
N-硬化牛脂脂肪酸アシル-L-グルタミン酸ナトリウム	起泡剤/乳化剤	起泡剤/乳化剤	水添タロウグルタミン酸Na
グルタミン酸（脂肪酸）とステアリン酸（アミノ酸）の縮合物。界面活性剤。染毛剤、パーマネントウェーブ用剤ともに起泡剤、乳化剤として配合。	—	—	
α-オレフィンオリゴマー	湿潤剤/毛髪保護剤	湿潤剤/毛髪保護剤	オレフィンオリゴマー
特殊技術によって精製された無色透明の液体合成炭化水素。乳化しやすく、安全性が高い。染毛剤、パーマネントウェーブ用剤ともに湿潤剤、毛髪保護剤として配合。	ハリ・コシ・ツヤ・コーティング	同左	
α-シクロデキストリン	毛髪処理剤/毛髪保護剤	毛髪処理剤/毛髪保護剤	シクロデキストリン
グルコース6分子が結合した環状オリゴ糖。ダイエット用サプリなどにも使われている。染毛剤、パーマネントウェーブ用剤ともに毛髪処理剤または毛髪保護剤として配合。	ハリ・コシ・ツヤ・コーティング	同左	

医薬部外品表示名称	染毛剤	パーマネントウェーブ用剤	化粧品表示名称（参考）
β-グリチルレチン酸 マメ科植物カンゾウ（甘草）の根または茎から抽出、精製したもの。染毛剤、パーマネントウェーブ用剤ともに湿潤剤として配合。	湿潤剤 —	湿潤剤 —	グリチルレチン酸 —
β-シクロデキストリン グルコース7分子が結合した環状オリゴ糖。芳香剤・消臭剤などにも使われている。染毛剤、パーマネントウェーブ用剤ともに毛髪処理剤または毛髪保護剤として配合。	毛髪処理剤/毛髪保護剤 ハリ・コシ・ツヤ・コーティング	毛髪処理剤/毛髪保護剤 同左	シクロデキストリン —
β-ラウリルアミノプロピオン酸ナトリウム 界面活性剤。染毛剤、パーマネントウェーブ用剤ともに起泡剤として配合。低刺激性で、化粧品では帯電防止剤、洗浄剤、ヘアコンディショニング剤などでも使われている。	起泡剤 —	起泡剤 —	ラウラミノプロピオン酸Na —

数字で始まる
成分用語

染毛剤、パーマネントウェーブ用剤（いずれも医薬部外品）に
配合されている成分の中で、
成分名の頭文字が数字で始まる用語の
配合目的、役割などを紹介します。

※五十音順
※一覧表の中にある「#N/A」は、染毛剤またはパーマネントウェーブ用剤で使用できない成分です。

医薬部外品表示名称	染毛剤	パーマネントウェーブ用剤	化粧品表示名称
1,3-ブチレングリコール	湿潤剤/溶剤	湿潤剤/溶剤	BG
アセトアルデヒト（石油由来の有機化合物）から合成されるアルコール類の一種。やや粘性のある透明の液体。近年は植物油脂を原料として合成させるものもある。染毛剤、パーマネントウェーブ用剤ともに湿潤剤または溶剤として配合。	固体や液体を溶かす	同左	—
2-アミノ-2-メチル-1-プロパノール	アルカリ剤/pH調整剤	アルカリ剤/pH調整剤	AMP
脂肪酸との併用で石鹸素地（石鹸のもと）や、乳化剤になるアルカリ剤。染毛剤とパーマネントウェーブ用剤ではpH調整剤としても配合されている。	—	—	—
2-アルキル-N-カルボキシメチル-N-ヒドロキシエチルイミダゾリニウムベタイン	起泡剤/乳化剤	起泡剤/乳化剤	ココアンホ酢酸Na
ヤシ油に含まれる脂肪酸と石油を合成し、ナトリウムと化合させた界面活性剤。毛髪や肌に対して刺激や溶解性が少なく、染毛剤、パーマネントウェーブ用剤ともに起泡剤または乳化剤として配合されている。	混ざらないものを化学上安定に混ぜる	混ざらないものを化学上安定に混ぜる	—
2-エチルヘキサン酸セチル	基剤	基剤	エチルヘキサン酸セチル
低粘性の液状オイル。安全性・安定性ともに優れ、さらりとした感触で伸びもよいため、感触改善を目的にさまざまなオイル成分と組み合わせて処方されている。染毛剤、パーマネントウェーブ用剤ともに基剤として配合。	剤のベース	剤のベース	—
2-オクチルドデカノール	基剤/毛髪保護剤	基剤/毛髪保護剤	オクチルドデカノール
無色透明の液状油性成分。温度が下がっても硬くならず、酸化による劣化もほとんどない。油っぽいべとつき感が少ない。染毛剤、パーマネントウェーブ用剤ともに、基剤または毛髪保護剤として配合。	剤のベース/ハリ・コシ	剤のベース/ハリ・コシ	—
3-メチル-1,3-ブタンジオール	#N/A	湿潤剤	イソペンチルジオール
毒性・刺激が極めて低く、抗菌性や保湿性に優れている。パーマネントウェーブ用剤において、湿潤剤として配合。	—	—	—

配合目的
不明成分一覧

医薬部外品として染毛剤、
パーマネントウェーブ剤への配合が
認められている成分の中には、配合目的が不明、
あるいは配合された形跡のない成分があります。
また、使用禁止となった成分もあります。
それらの一覧を掲載します。

※「化粧品表示名称」にある●●は、数字が入ります

医薬部外品表示名称	染毛剤	パーマネント ウェーブ剤	化粧品表示名称（参考）
2-(2-ヒドロキシ-5-メチルフェニル) ベンゾトリアゾール	不明	不明	ドロメトリゾール
2-アミノ-2-メチル-1,3-プロパンジオール	不明	不明	AMPD
2-エチルヘキサン酸ステアリル	不明	不明	エチルヘキサン酸ステアリル
2-エチルヘキサン酸セトステアリル	不明	不明	エチルヘキサン酸セテアリル
2-エチルヘキサン酸ポリエチレングリコール(4E.O.)・ポリオキシエチレンノニルフェニルエーテル(14E.O.)混合物	不明	不明	
2-デシルテトラデカノール	不明	不明	デシルテトラデカノール
2-ヒドロキシ-5-ニトロ-2',4'-ジアミノアゾベンゼン-5'-スルホン酸ナトリウム	不明	#N/A	
2-ヘプタデシル-N-ヒドロキシエチル-N-カルボキシラートメチルイミダゾリニウムクロライド・2-ヘプタデシル-N,N-ビスヒドロキシエチルイミダゾリニウム塩	不明	不明	ヘプタデシルヒドロキシエチルカルボキシラートメチルイミダゾリニウムクロリド/ヘプタデシルビスヒドロキシエチルイミダゾリニウム
4-tert-ブチル-4'-メトキシジベンゾイルメタン	不明	不明	t-ブチルメトキシジベンゾイルメタン
5'-イノシン酸二ナトリウム	不明	不明	
5'-グアニル酸二ナトリウム	不明	#N/A	
dl-ピロリドンカルボン酸エチル	不明	不明	PCAエチル
DL-ピロリドンカルボン酸ナトリウム・アラントイン	不明	不明	PCA-Naアラントイン
dl-ボルネオール	不明	不明	ボルネオール
D-キシロース	不明	#N/A	
d-ボルネオール	不明	#N/A	
L-グルタミン酸・DL-アラニン液	不明	不明	グルタミン酸アラニン
N-(テトラデシロキシヒドロキシプロピル)-N-ヒドロキシエチルデカナミド	#N/A	不明	ミリスチルPGヒドロキシエチルデカナミド
N,N'-ジアセチル-L-シスチンジメチルエステル	不明	不明	ジメチルジアセチルシスチネート
N-アセチル-DL-メチオニン	不明	不明	アセチルメチオニン
N-アセチル-L-メチオニン	不明	不明	アセチルメチオニン
N-メタクリロイルエチルN,N-ジメチルアンモニウム・α-N-メチルカルボキシベタイン・N-メタクリロイルエチル-N,N,N-トリメチルアンモニウムクロライド,2-ヒドロキシエチルメタクリレート共重合体液	#N/A	不明	
N-メタクリロイルエチルN,N-ジメチルアンモニウム・α-N-メチルカルボキシベタイン重合体液	#N/A	不明	
N-ヤシ油脂肪酸/硬化牛脂脂肪酸アシル-L-グルタミン酸ナトリウム	不明	不明	（ヤシ脂肪酸/水添牛脂脂肪酸）グルタミン酸Na

医薬部外品表示名称	染毛剤	パーマネントウェーブ剤	化粧品表示名称(参考)
N-ヤシ油脂肪酸アシル-N'-カルボキシメトキシエチル-N'-カルボキシメチルエチレンジアミンニナトリウムラウリル硫酸	不明	不明	
α-アミルシンナムアルデヒド	不明	不明	アミルケイヒアルデヒド
β-カロチン	不明	不明	β-カロチン
γ-ウンデカラクトン	不明	不明	ウンデカラクトン
γ-オリザノール	不明	不明	オリザノール
γ-ノナラクトン	不明	不明	ノナラクトン
ε-アミノカプロン酸	不明	不明	アミノカプロン酸
アクリル酸・アクリル酸アミド・アクリル酸エチル共重合体	不明	不明	(アクリレーツ/アクリルアミド)コポリマー
アクリル酸・アクリル酸アミド・アクリル酸エチル共重合体カリウム塩液	不明	不明	(アクリル酸アルキル/アクリルアミド)コポリマーK
アクリル酸アミド・スチレン共重合体	#N/A	不明	(スチレン/アクリルアミド)コポリマー
アクリル酸アルキル・スチレン共重合体	不明	不明	(スチレン/アクリル酸アルキル)コポリマー
アクリル酸アルキル・スチレン共重合体エマルション	#N/A	不明	(スチレン/アクリル酸アルキル)コポリマーNa
アクリル酸アルキル・酢酸ビニル共重合体エマルション	不明	不明	(アクリル酸アルキル/VA)コポリマー
アクリル酸オクチルアミド・アクリル酸ヒドロキシプロピル・メタクリル酸ブチルアミノエチル共重合体	不明	不明	(オクチルアクリルアミド/アクリル酸ヒドロキシプロピル/メタクリル酸ブチルアミノエチル)コポリマー
アクリル樹脂被覆アルミニウム末	不明	不明	Al
アジピン酸ジ2-エチルヘキシル	不明	不明	アジピン酸ジエチルヘキシル
アジピン酸ジ-2-ヘプチルウンデシル	不明	不明	アジピン酸ジヘプチルウンデシル
アジピン酸ジイソブチル	不明	不明	アジピン酸ジイソブチル
アジピン酸ジイソプロピル	不明	不明	アジピン酸ジイソプロピル
アズキデンプン	不明	不明	アズキデンプン
アセチルパントテニルエチルエーテル	不明	不明	アセチルパントテニルエチル
アセチルモノエタノールアミド	不明	不明	アセタミドMEA
アデノシン一リン酸ニナトリウム	不明	不明	アデノシンリン酸2Na
アデノシン三リン酸ニナトリウム	不明	不明	アデノシン三リン酸2Na

医薬部外品表示名称	染毛剤	パーマネント ウェーブ剤	化粧品表示名称（参考）
アボカド油脂肪酸エチル	不明	不明	アボカド脂肪酸エチル
アミノ酸・アミノ酸エステル混合物（1）	不明	不明	アミノ酸エステル-1
アラビアゴム	不明	不明	アラビアゴム
アラントイン	不明	不明	アラントイン
アラントインDL-パントテニルアルコール	不明	不明	アラントインパントテニルアルコール
アラントインアセチルDL-メチオニン	不明	不明	アラントインアセチルメチオニン
アラントインクロルヒドロキシアルミニウム	不明	不明	アルクロキサ
アルファー化トウモロコシデンプン	不明	不明	コーンスターチ
アルブミン	不明	不明	アルブミン
アルミニウム末	不明	#N/A	Al
アンズ核粒	#N/A	不明	アンズ種子
アンバー	不明	#N/A	アンバー
イセチオン酸ナトリウム	不明	不明	イセチオン酸Na
イソステアリン酸ジエタノールアミド	不明	不明	イソステアラミドDEA
イソステアリン酸バチル	不明	不明	イソステアリン酸バチル
イソステアリン酸硬化ヒマシ油	不明	不明	イソステアリン酸水添ヒマシ油
イソノナン酸2-エチルヘキシル	不明	不明	イソノナン酸エチルヘキシル
イソパルミチン酸2-エチルヘキシル	不明	不明	イソパルミチン酸エチルヘキシル
イソブチレン・マレイン酸ナトリウム共重合体液	不明	不明	（イソブチレン/マレイン酸Na）コポリマー
イノシット	不明	不明	イノシトール
ウシヘマチン液	#N/A	使用禁止	ヘマチン
ウンデシレノイルアミドエチルスルホコハク酸ニナトリウム	不明	不明	スルホコハク酸ウンデシレナミドMEA-2Na
ウンデシレン酸	不明	不明	ウンデシレン酸
ウンデシレン酸モノエタノールアミド	不明	不明	ウンデシレナミドMEA

医薬部外品表示名称	染毛剤	パーマネントウェーブ剤	化粧品表示名称（参考）
ウンデシレン酸亜鉛	不明	不明	ウンデシレン酸亜鉛
エチルバニリン	不明	不明	エチルバニリン
エチルヒドロキシメチルオレイルオキサゾリン	不明	#N/A	
エチレングリコール	不明	不明	グリコール
エチレンジアミンヒドロキシエチル三酢酸三ナトリウム液	不明	#N/A	
エルゴカルシフェロール	不明	不明	エルゴカルシフェロール
オイゲノール	不明	不明	オイゲノール
オートミール末	不明	不明	オートミール
オキシ塩化ビスマス	不明	不明	オキシ塩化ビスマス
オクチルフェノキシジエトキシエチルスルホン酸ナトリウム液	不明	不明	オクトキシノール-2エタンスルホン酸Na
オゾケライト	不明	不明	オゾケライト
オリーブ油アルコール	不明	不明	オリーブアルコール
オレイルジメチルアミンオキシド液	不明	不明	オレアミンオキシド
オレイル硫酸トリエタノールアミン	不明	不明	オレイル硫酸TEA
オレイル硫酸ナトリウム	不明	不明	オレイル硫酸Na
オレイン酸（トリエチレングリコール・プロピレングリコール）	不明	不明	オレイン酸（トリエチレングリコール/PG）
オレイン酸2-オクチルドデシル	不明	不明	オレイン酸オクチルドデシル
オレイン酸アミドエトキシエタノールスルホコハク酸エステルニナトリウム	不明	不明	スルホコハク酸PEG-2オレアミド2Na
オレイン酸イソデシル	不明	不明	オレイン酸イソデシル
オレイン酸エチル	不明	不明	オレイン酸エチル
オレイン酸カリウム	不明	不明	オレイン酸K
オレイン酸ジエタノールアミド	不明	不明	オレアミドDEA
オレイン酸ナトリウム	不明	不明	オレイン酸Na
オロット酸	不明	不明	オロット酸

医薬部外品表示名称	染毛剤	パーマネントウェーブ剤	化粧品表示名称(参考)
カオリン	不明	不明	カオリン
カカオ脂	不明	不明	カカオ脂
ガジュツ	不明	不明	ガジュツ
カゼイン	不明	不明	カゼイン
カゼインナトリウム	不明	不明	カゼインNa
カテコール	不明	#N/A	
カバノキ末	不明	不明	カバノキ
カプリン酸	不明	不明	カプリン酸
カラミン	不明	不明	カラミン
カラヤガム	不明	不明	カラヤガム
カルベノキソロンニナトリウム	不明	不明	サクシニルグリチルレチン酸2Na
カルミン	不明	不明	カルミン
カンタリスチンキ	不明	不明	マメハンミョウエキス
グアニン	不明	不明	グアニン
クインスシード	不明	不明	クインスシード
クエン酸トリエチル	不明	不明	クエン酸トリエチル
クエン酸鉄	不明	不明	クエン酸鉄
クマリン	不明	不明	クマリン
グリセリン脂肪酸エステル	不明	不明	パームグリセリズ
グリチルリチン酸モノアンモニウム	不明	不明	グリチルリチン酸アンモニウム
グリチルリチン酸三ナトリウム	不明	不明	グリチルリチン酸3Na
グリチルレチン酸グリセリル	不明	不明	グリチルレチン酸グリセリル
グリチルレチン酸ステアリル	不明	不明	グリチルレチン酸ステアリル
グルコサミン	不明	不明	

医薬部外品表示名称	染毛剤	パーマネントウェーブ剤	化粧品表示名称(参考)
グルコノデルタラクトン	不明	不明	グルコノラクトン
グルコン酸	不明	不明	グルコン酸
グルコン酸クロルヘキシジン液	不明	不明	グルコン酸クロルヘキシジン
グルコン酸ナトリウム	不明	不明	グルコン酸Na
グルタチオン	不明	不明	グルタチオン
グルタミン酸グルコース液	不明	不明	グルタミン酸グルコース
クルミ殻粒(1)	不明	#N/A	クルミ殻粒
クルミ殻粒(2)	不明	#N/A	クルミ殻粒
クロルキシレノール	不明	不明	クロルキシレノール
クロルヒドロキシアルミニウム	不明	不明	クロルヒドロキシAl
クロルヘキシジン	不明	不明	クロルヘキシジン
クロロブタノール	不明	不明	クロロブタノール
ケイソウ土	不明	#N/A	ケイソウ土
ケイ酸アルミニウムマグネシウム	不明	不明	ケイ酸(Al/Mg)
ケイ酸カルシウム	不明	不明	ケイ酸Ca
ケイ酸マグネシウム	不明	不明	ケイ酸Mg
ケイ酸吸着ラノリン	不明	不明	シリカ、ラノリン
ケイ皮アルコール	不明	不明	ケイヒアルコール
ケイ皮アルデヒド	不明	不明	ケイヒアルデヒド
ケイ皮酸エチル	不明	不明	ケイヒ酸エチル
コチニール	不明	不明	コチニール
コハク酸ポリプロピレングリコールオリゴエステル	不明	不明	(PPG-7/コハク酸)コポリマー
コムギ胚芽油脂肪酸グリセリル	不明	不明	コムギ胚芽油脂肪酸グリセリズ
コレカルシフェロール	不明	不明	コレカルシフェロール

医薬部外品表示名称	染毛剤	パーマネント ウェーブ剤	化粧品表示名称（参考）
コンジョウ	不明	不明	コンジョウ
コンドロイチン硫酸ナトリウム	不明	不明	コンドロイチン硫酸Na
サイタイ抽出液	不明	不明	サイタイエキス
サッカリン	不明	不明	サッカリン
サッカリンナトリウム	不明	不明	サッカリンNa
サフラワー油脂肪酸	不明	不明	サフラワー脂肪酸
サリチル酸ジプロピレングリコール	不明	不明	サリチル酸DPG
サリチル酸フェニル	不明	不明	サリチル酸フェニル
サリチル酸メチル	不明	不明	サリチル酸メチル
ジ（カプリル・カプリン酸）プロピレングリコール	不明	不明	ジ（カプリル酸/カプリン酸）PG
ジ2-エチルヘキサン酸ネオペンチルグリコール	不明	不明	ジエチルヘキサン酸ネオペンチルグリコール
ジ-dl-ピロリドンカルボン酸アルミニウム液	不明	不明	2PCA-Al
シアノコバラミン	不明	不明	シアノコバラミン
ジアルキルジメチルアンモニウムクロリド尿素付加物	不明	#N/A	
ジイソステアリン酸グリセリル	不明	不明	ジイソステアリン酸グリセリル
ジイソプロピルケイ皮酸メチル	不明	不明	ジイソプロピルケイヒ酸メチル
ジオレイン酸エチレングリコール	不明	不明	ジオレイン酸グリコール
ジオレイン酸プロピレングリコール	不明	不明	ジオレイン酸PG
ジカプリル酸ピリドキシン	不明	不明	ジカプリル酸ピリドキシン
ジカプリル酸プロピレングリコール	不明	不明	ジカプリル酸PG
ジカルボエトキシパントテン酸エチル	不明	不明	ジカルボエトキシパントテン酸エチル
ジグリセリンオレイルエーテル	不明	#N/A	ポリグリセリル-2オレイル
シクロデキストリン・糖アルコール混合物	#N/A	不明	
シコニン	不明	不明	シコニン

医薬部外品表示名称	染毛剤	パーマネント ウェーブ剤	化粧品表示名称(参考)
ジセトステアリルリン酸モノエタノールアミン	不明	不明	ジセテアリルリン酸MEA
シトステロール	不明	不明	シトステロール
シトロネロール	不明	不明	シトロネロール
シノキサート	不明	不明	シノキサート
ジノナン酸プロピレングリコール	不明	不明	ジノナン酸PG
ジパラメトキシケイ皮酸モノ2-エチルヘキサン酸グリセリル	不明	不明	エチルヘキサン酸ジメトキシケイヒ酸グリセリル
ジパルミチン酸ピリドキシン	不明	不明	ジパルミチン酸ピリドキシン
ジパルミチン酸ポリエチレングリコール150	不明	不明	ジパルミチン酸PEG-●●
ジペンタエリトリット脂肪酸エステル(2)	不明	不明	ペンタ(ヒドロキシステアリン酸/イソステアリン酸)ジペンタエリスリチル
ジミリスチン酸プロピレングリコール	不明	#N/A	
ジメチルオクタン酸オクチルドデシル	不明	不明	ネオデカン酸オクチルドデシル
ジメチルオクタン酸ヘキシルデシル	不明	不明	ネオデカン酸ヘキシルデシル
ジメチルジステアリルアンモニウムヘクトライト	不明	不明	クオタニウム-18ヘクトライト
ジメチルジステアリルアンモニウムベントナイト	不明	不明	クオタニウム-18ベントナイト
ジメチルステアリルアミン	不明	不明	ジメチルステアラミン
ジモンタン酸エチレングリコール・ジモンタン酸ブタンジオール混合物	不明	不明	ジモンタン酸グリコール
シュウ酸ナトリウム	不明	不明	シュウ酸Na
ショ糖脂肪酸エステル	不明	不明	オレイン酸スクロース
ジラウリン酸ポリエチレングリコール	不明	不明	ジラウリン酸PEG-●●
シラカバ樹液	不明	不明	シラカバ樹液
ジリシノレイン酸ポリエチレングリコール	不明	不明	ジリシノレイン酸PEG
ジリノール酸・エチレンジアミン縮合物	不明	不明	(ジリノール酸/エチレンジアミン)コポリマー
ジ酢酸モノステアリン酸グリセリル	不明	不明	ジ酢酸ステアリン酸グリセリル
スズ酸ナトリウム	不明	不明	

医薬部外品表示名称	染毛剤	パーマネントウェーブ剤	化粧品表示名称（参考）
スチレン・ブタジエン共重合体エマルション	#N/A	不明	
スチレン重合体エマルション	不明	不明	ポリスチレン
ステアリルジヒドロキシエチルベタイン液	不明	不明	ジヒドロキシエチルステアリルグリシン
ステアリルジメチルアミンオキシド	不明	不明	ステアラミンオキシド
ステアリルジメチルベタインナトリウム液	不明	不明	ステアリルジメチルベタインNa
ステアリン酸2-エチルヘキシル	不明	不明	ステアリン酸エチルヘキシル
ステアリン酸2-ヘキシルデシル	不明	不明	ステアリン酸イソセチル
ステアリン酸アスコルビル	不明	不明	ステアリン酸アスコルビル
ステアリン酸アミド	不明	不明	ステアラミド
ステアリン酸アルミニウム	不明	不明	ジステアリン酸Al
ステアリン酸カリウム	#N/A	不明	ステアリン酸K
ステアリン酸カルシウム	不明	不明	ステアリン酸Ca
ステアリン酸グリコール酸アミドエステル	不明	不明	ステアリン酸グリコール酸アミド
ステアリン酸グリチルレチニル	不明	不明	ステアリン酸グリチルレチニル
ステアリン酸ステアリル	不明	不明	ステアリン酸ステアリル
ステアリン酸ステアロイルエタノールアミド	不明	不明	ステアリン酸ステアラミドMEA
ステアリン酸トリエタノールアミン	不明	不明	ステアリン酸TEA
ステアリン酸バチル	不明	不明	ステアリン酸バチル
ステアリン酸ブチル	不明	不明	ステアリン酸ブチル
ステアリン酸マグネシウム	不明	不明	ステアリン酸Mg
ステアリン酸リンゴ酸グリセリル	不明	不明	（ステアリン酸/リンゴ酸）グリセリル
ステアリン酸亜鉛	不明	不明	ステアリン酸亜鉛
ステアリン酸硬化ヒマシ油	不明	不明	ステアリン酸水添ヒマシ油
ステアロイルジヒドロキシイソブチルアミドステアリン酸モノエステル	不明	不明	ステアリン酸ステアロイルジヒドロキシイソブチルアミド

医薬部外品表示名称	染毛剤	パーマネントウェーブ剤	化粧品表示名称（参考）
ステアロイルロイシン	不明	不明	ステアロイルロイシン
スルホコハク酸ジ(2-エチルヘキシル)ナトリウム	不明	不明	スルホコハク酸ジエチルヘキシルNa
スルホコハク酸ジ(2-エチルヘキシル)ナトリウム液	不明	不明	スルホコハク酸ジエチルヘキシルNa
スルホコハク酸ポリオキシエチレンモノオレイルアミドジナトリウム(2E.O.)液	不明	不明	スルホコハク酸PEG-●●オレアミド2Na
スルホコハク酸ポリオキシエチレンラウロイルエタノールアミドニナトリウム(5E.O.)液	不明	不明	スルホコハク酸PEG-●●ラウラミド2Na
スルホコハク酸ラウリルニナトリウム	不明	不明	スルホコハク酸ラウリル2Na
セスキオレイン酸グリセリル	不明	不明	セスキオレイン酸グリセリル
セスキステアリン酸メチルグルコシド	不明	不明	セスキステアリン酸メチルグルコース
セチルリン酸ジエタノールアミン	不明	不明	セチルリン酸DEA
セチル硫酸ナトリウム	不明	不明	セチル硫酸Na
セトステアリルグルコシド・セトステアリルアルコール	#N/A	不明	セテアリルアルコール
セトステアリル硫酸ナトリウム	不明	不明	セテアリル硫酸Na
セバシン酸ジ2-エチルヘキシル	不明	不明	セバシン酸ジエチルヘキシル
セバシン酸ジイソプロピル	不明	不明	セバシン酸ジイソプロピル
ゼラチン	不明	不明	ゼラチン
セルロース末	不明	不明	セルロース
セレシン	不明	不明	セレシン
タートル油	不明	#N/A	タートル油
タルク	不明	不明	タルク
チアントール	不明	#N/A	チアントール
チオキソロン	不明	#N/A	チオキソロン
チオジプロピオン酸ジラウリル	不明	不明	チオジプロピオン酸ジラウリル
チオ尿素	不明	#N/A	
チオ硫酸ナトリウム	不明	#N/A	チオ硫酸Na

医薬部外品表示名称	染毛剤	パーマネント ウェーブ剤	化粧品表示名称(参考)
チオ硫酸ナトリウム水和物	不明	#N/A	
チタン酸コバルト	不明	不明	チタン酸コバルト
チモール	不明	不明	チモール
デオキシリボ核酸	不明	不明	DNA
デオキシリボ核酸カリウム	不明	不明	DNA-K
デオキシリボ核酸ナトリウム	不明	不明	DNA-Na
デキストラン	#N/A	不明	デキストラン
デキストラン40	#N/A	不明	デキストラン
デキストラン硫酸ナトリウム	不明	不明	デキストラン硫酸Na
デンプングリコール酸ナトリウム	不明	#N/A	カルボキシメチルデンプンNa
ドデシルベンゼンスルホン酸トリエタノールアミン液	不明	不明	ドデシルベンゼンスルホン酸TEA
ドデシルベンゼンスルホン酸ナトリウム液	不明	#N/A	
トラガント	不明	不明	トラガントゴムノキガム
トラガント末	不明	#N/A	
トリ(ミンク油脂肪酸・パルミチン酸)グリセリル	不明	不明	トリ(ミンク脂肪酸/パルミチン酸)グリセリル
トリ(リシノレイン・カプロン・カプリル・カプリン酸)グリセリル	不明	不明	トリ(リシノレイン酸/カプロン酸/カプリル酸/カプリン酸)グリセリル
トリ2-エチルヘキサン酸トリメチロールプロパン	不明	不明	
トリアセチルグリセリル	不明	不明	トリアセチン
トリイソステアリン酸硬化ヒマシ油	不明	不明	トリイソステアリン酸水添ヒマシ油
トリイソプロパノールアミン	不明	不明	TIPA
トリウンデカン酸グリセリル	不明	不明	トリウンデカノイン
トリエチレングリコール	不明	不明	トリエチレングリコール
トリオキシステアリン酸グリセリル	不明	不明	トリヒドロキシステアリン
トリカプリル酸グリセリル	不明	不明	トリカプリリン

医薬部外品表示名称	染毛剤	パーマネントウェーブ剤	化粧品表示名称（参考）
トリクロサン	使用禁止	#N/A	
トリクロロカルバニリド	使用禁止	#N/A	トリクロカルバン
トリステアリン酸ポリオキシエチレングリセリル	不明	不明	トリステアリン酸PEG-140グリセリル
トリステアリン酸ポリオキシエチレンソルビタン	不明	不明	トリステアリン酸PEG-160ソルビタン
トリパルミチン酸グリセリル	不明	不明	トリパルミチン
トリベヘン酸グリセリル	不明	不明	トリベヘニン
トリミリスチン酸グリセリル	不明	不明	トリミリスチン
トリラウリルアミン	不明	不明	トリラウリルアミン
トリラウリン酸グリセリル	不明	不明	トリラウリン
ナイロン末	不明	不明	
ニコチン酸	不明	不明	
ニコチン酸dl-α-トコフェロール	不明	不明	ニコチン酸トコフェロール
ニコチン酸アミド	不明	不明	
ニコチン酸ベンジル	不明	不明	ニコチン酸ベンジル
ノナン酸バニリルアミド	不明	不明	ヒドロキシメトキシベンジルペラルゴナミド
パパイン	不明	不明	パパイン
パラアミノ安息香酸	不明	不明	PABA
パラアミノ安息香酸エチル	不明	不明	エチルPABA
パラジメチルアミノ安息香酸2-エチルヘキシル	不明	不明	ジメチルPABAエチルヘキシル
パラジメチルアミノ安息香酸アミル	不明	不明	ジメチルPABAペンチル
パラメチルアセトフェノン	不明	#N/A	p-メチルアセトフェノン
パラメトキシケイ皮酸イソプロピル・ジイソプロピルケイ皮酸エステル混合物	不明	不明	ジイソプロピルケイヒ酸エチル
パルミチン酸	不明	不明	パルミチン酸
パルミチン酸アスコルビル	不明	不明	パルミチン酸アスコルビル

医薬部外品表示名称	染毛剤	パーマネント ウェーブ剤	化粧品表示名称（参考）
パルミチン酸アミド	不明	不明	パルミタミド
パルミチン酸イソステアリル	不明	不明	パルミチン酸イソステアリル
パルミチン酸カリウム	不明	不明	パルミチン酸K
パルミチン酸デキストリン	不明	不明	パルミチン酸デキストリン
パルミチン酸ポリエチレングリコール	不明	不明	パルミチン酸PEG-6
パルミチン酸モノエタノールアミド	不明	不明	パルミタミドMEA
パルミトイルメチルタウリンナトリウム	不明	不明	パルミトイルメチルタウリンNa
バレイショデンプン	不明	不明	バレイショデンプン
ハロカルバン	使用禁止	使用禁止	クロフルカルバン
パンクレアチン	不明	不明	パンクレアチン
パントテン酸カルシウム	不明	不明	パントテン酸Ca
パントテン酸ナトリウム	不明	不明	パントテン酸Na
パン酵母処理ヒマシ油	不明	不明	酵母処理ヒマシ油
ビサボロール	不明	不明	ビサボロール
ビスフェノールA型エポキシ樹脂ステアリン酸エステル(1)	不明	不明	エポキシエステル-3
ヒドロキシアパタイト	不明	#N/A	ヒドロキシアパタイト
ヒドロキシシトロネラール	不明	不明	ヒドロキシシトロネラール
ヒドロキシステアリン酸	不明	不明	ヒドロキシステアリン酸
ヒドロキシステアリン酸コレステリル	不明	不明	ヒドロキシステアリン酸コレステリル
ヒドロキシプロピルセルロース	不明	不明	ヒドロキシプロピルセルロース
ヒドロキシプロピルデンプン	不明	不明	ヒドロキシプロピルデンプン
ヒドロキシラノリン	不明	不明	ヒドロキシラノリン
ヒドロキノン	不明	#N/A	
ヒプロメロース	不明	不明	

医薬部外品表示名称	染毛剤	パーマネント ウェーブ剤	化粧品表示名称（参考）
ヒマシ油脂肪酸ナトリウム液	不明	不明	ヒマシ脂肪酸Na
ヒマシ油脂肪酸ポリプロピレングリコール（5.5P.O.）	不明	不明	ヒマシ油脂肪酸PPG-●●
ヒマシ油脂肪酸メチル	不明	不明	リシノレイン酸メチル
ヒマワリ油粕	不明	不明	ヒマワリ油粕
ピリチオン亜鉛水性懸濁液	不明	#N/A	ピリチオン亜鉛
ピリドキシン	不明	不明	ピリドキシン
ピリドキシン塩酸塩	不明	不明	
ピログルタミン酸オレイン酸グリセリル	不明	不明	PCAオレイン酸グリセリル
フェノール	使用禁止	#N/A	フェノール
ブタジエン・アクリロニトリル共重合体	不明	不明	（ブタジエン/アクリロニトリル）コポリマー
フノリ粉	不明	#N/A	
プロピレングリコール脂肪酸エステル	不明	不明	脂肪酸PG
ヘキサクロロフェン	使用禁止	使用禁止	ヘキサクロロフェン
ペクチン	不明	不明	ペクチン
ベニバナ赤処理セルロースパウダー	不明	不明	セルロース
ベンザルコニウム塩化物	不明	不明	
ペンタ2-エチルヘキサン酸ジグリセロールソルビタン	不明	不明	
ベントナイト	不明	不明	ベントナイト
ホエイ（2）	不明	不明	ホエイ
ポビドン	不明	不明	
ポリアクリル酸	不明	不明	ポリアクリル酸
ポリアクリル酸アミド	不明	不明	ポリアクリルアミド
ポリアクリル酸アルキル	不明	不明	ポリアクリル酸エチル
ポリアクリル酸アルキルエマルション	不明	不明	ポリアクリル酸エチル

医薬部外品表示名称	染毛剤	パーマネントウェーブ剤	化粧品表示名称(参考)
ポリアクリル酸ナトリウム	不明	不明	
ポリアミドエピクロルヒドリン樹脂	不明	不明	ポリアミドエピクロルヒドリン
ポリアミドエピクロルヒドリン樹脂液(1)	不明	不明	ポリアミドエピクロルヒドリン
ポリアミドエピクロルヒドリン樹脂液(2)	不明	不明	ポリアミドエピクロルヒドリン
ポリイソブチレン	不明	不明	ポリイソブテン
ポリエチレン・ポリエステル積層末	不明	不明	(ポリエチレン/ポリエステル)ラミネート
ポリエチレン・ポリエチレンテレフタレート積層末	不明	不明	(ポリエチレン/PET)ラミネート
ポリエチレンイミン液	不明	不明	PEI-●●
ポリエチレングリコール・エピクロルヒドリン・ヤシ油アルキルアミン・ジプロピレントリアミン液	不明	不明	PEG-●●ココポリアミン
ポリエチレングリコール・エピクロルヒドリン・牛脂アルキルアミン・ジプロピレントリアミン縮合物	不明	不明	PEG-●●タロウポリアミン
ポリエチレンテレフタレート・アルミニウム・エポキシ積層末	不明	不明	(PET/Al/エポキシ樹脂)ラミネート
ポリエチレンテレフタレート・ポリメチルメタクリレート積層フィルム末	不明	不明	(PET/ポリメタクリル酸メチル)ラミネート
ポリエチレンワックス	不明	不明	ポリエチレン
ポリエチレン末	不明	#N/A	ポリエチレン
ポリオキシエチレン(5)ヤシ油脂肪酸モノエタノールアミドリン酸エステル	不明	不明	PEG-5ヤシ脂肪酸アミドMEAリン酸
ポリオキシエチレン(アルキロール・ラノリンアルコール)エーテル(16E.O.)	不明	不明	PEG-16(アルキル/ラノリル)
ポリオキシエチレン(カプリル/カプリン酸)グリセリル	不明	不明	PEG-●●(カプリル酸/カプリン酸)グリセリズ
ポリオキシエチレンアセチル化ラノリン(7E.O.)	#N/A	不明	
ポリオキシエチレンアラキルエーテル(20E.O.)	不明	不明	アラキデス-20
ポリオキシエチレンアルキル(12,13)エーテル硫酸ナトリウム(2E.O.)液	不明	#N/A	
ポリオキシエチレンアルキルフェニルエーテルリン酸	不明	不明	ノノキシノール-●●リン酸
ポリオキシエチレンアルキルフェニルエーテルリン酸トリエタノールアミン	不明	不明	ポリオキシエチレンアルキルフェニルエーテルリン酸TEA
ポリオキシエチレンアルキルフェニルエーテルリン酸ナトリウム	不明	不明	ノノキシノール-●●リン酸Na
ポリオキシエチレンアルモンド油	#N/A	不明	PEG-●●アーモンド脂肪酸グリセリル

医薬部外品表示名称	染毛剤	パーマネント ウェーブ剤	化粧品表示名称（参考）
ポリオキシエチレンオクチルフェニルエーテル	不明	不明	オクトキシノール-●●
ポリオキシエチレンオクチルフェニルエーテル硫酸ナトリウム液	不明	不明	オクトキシノール-●●硫酸Na
ポリオキシエチレンオレイルアミン	不明	不明	PEG-●●オレアミン
ポリオキシエチレングリセリン（26E.O.）	不明	不明	グリセレス-26
ポリオキシエチレンコレスタノールエーテル	不明	不明	ジヒドロコレス-●●
ポリオキシエチレンジエタノールアミンラウリン酸エステル（4E.O.）	不明	不明	ラウリン酸PEG-4DEA
ポリオキシエチレンジオレイン酸メチルグルコシド	不明	不明	ジオレイン酸PEG-●●メチルグルコース
ポリオキシエチレンジノニルフェニルエーテル	不明	不明	ノニルノノキシノール-●●
ポリオキシエチレンステアリルエーテルリン酸	不明	不明	ステアレス-●●リン酸
ポリオキシエチレンステアリン酸アミド	不明	不明	PEG-●●ステアラミド
ポリオキシエチレンスルホコハク酸ラウリルニナトリウム液	不明	不明	スルホコハク酸ラウレス2Na
ポリオキシエチレンセスキステアリン酸メチルグルコシド	不明	不明	セスキステアリン酸PEG-●●メチルグルコース
ポリオキシエチレンセチルエーテルリン酸ナトリウム	不明	不明	セテスリン酸Na
ポリオキシエチレンセチルステアリルジエーテル	不明	不明	ポリオキシエチレンセチルステアリルジエーテル
ポリオキシエチレンソルビットミツロウ	不明	不明	ソルベス-●●ミツロウ
ポリオキシエチレンソルビトールラノリン（40E.O.）	不明	不明	PEG-40ソルビットラノリン
ポリオキシエチレンドデシルフェニルエーテル	不明	#N/A	
ポリオキシエチレンノニルフェニルエーテル	不明	不明	ノノキシノール-●●
ポリオキシエチレンノニルフェニルエーテル硫酸アンモニウム（4E.O.）液	不明	#N/A	
ポリオキシエチレンブチルエーテル	不明	#N/A	ポリオキシエチレンブチルエーテル
ポリオキシエチレンポリオキシプロピレン2-エチルヘキシルエーテルリン酸（4E.O.）（30P.O.）	不明	不明	
ポリオキシエチレンポリオキシプロピレンオリゴサクシネート（3E.O.）（20P.O.）	不明	不明	オリゴコハク酸PEG-3-PPG-20
ポリオキシエチレンポリオキシプロピレングリコール（10E.O.）（30P.O.）	不明	不明	PEG/PPG-10/30コポリマー
ポリオキシエチレンポリオキシプロピレングリコール（10E.O.）（65P.O.）	不明	不明	PEG/PPG-10/65コポリマー

医薬部外品表示名称	染毛剤	パーマネントウェーブ剤	化粧品表示名称（参考）
ポリオキシエチレンポリオキシプロピレングリコール(10E.O.)(70P.O.)	#N/A	不明	PEG/PPG-10/70コポリマー
ポリオキシエチレンポリオキシプロピレングリコール(12E.O.)(35P.O.)	不明	#N/A	PEG/PPG-12/35コポリマー
ポリオキシエチレンポリオキシプロピレングリコール(150E.O.)(30P.O.)	不明	不明	PEG/PPG-150/30コポリマー
ポリオキシエチレンポリオキシプロピレングリコール(150E.O.)(35P.O.)	不明	不明	PEG/PPG-150/35コポリマー
ポリオキシエチレンポリオキシプロピレングリコール(160E.O.)(30P.O.)	不明	不明	PEG/PPG-160/30コポリマー
ポリオキシエチレンポリオキシプロピレングリコール(160E.O.)(31P.O.)	不明	不明	PEG/PPG-160/31コポリマー
ポリオキシエチレンポリオキシプロピレングリコール(16E.O.)(30P.O.)	不明	不明	ポロキサマー182
ポリオキシエチレンポリオキシプロピレングリコール(190E.O.)(60P.O.)	不明	不明	PEG/PPG-190/60コポリマー
ポリオキシエチレンポリオキシプロピレングリコール(19E.O.)(21P.O.)	不明	不明	PEG/PPG-19/21コポリマー
ポリオキシエチレンポリオキシプロピレングリコール(200E.O.)(40P.O.)	不明	不明	PEG/PPG-200/40コポリマー
ポリオキシエチレンポリオキシプロピレングリコール(200E.O.)(70P.O.)	不明	不明	PEG/PPG-200/70コポリマー
ポリオキシエチレンポリオキシプロピレングリコール(20E.O.)(20P.O.)	不明	不明	PEG/PPG-20/20コポリマー
ポリオキシエチレンポリオキシプロピレングリコール(20E.O.)(60P.O.)	不明	不明	PEG/PPG-20/60コポリマー
ポリオキシエチレンポリオキシプロピレングリコール(20E.O.)(9P.O.)	不明	不明	PEG/PPG-20/9コポリマー
ポリオキシエチレンポリオキシプロピレングリコール(22E.O.)(21P.O.)	不明	不明	ポロキサマー124
ポリオキシエチレンポリオキシプロピレングリコール(22E.O.)(25P.O.)	不明	不明	PEG/PPG-22/25コポリマー
ポリオキシエチレンポリオキシプロピレングリコール(23E.O.)(21P.O.)	#N/A	不明	
ポリオキシエチレンポリオキシプロピレングリコール(240E.O.)(60P.O.)	不明	不明	PEG/PPG-240/60コポリマー
ポリオキシエチレンポリオキシプロピレングリコール(25E.O.)(30P.O.)	不明	不明	PEG/PPG-25/30コポリマー
ポリオキシエチレンポリオキシプロピレングリコール(26E.O.)(30P.O.)	不明	不明	ポロキサマー184
ポリオキシエチレンポリオキシプロピレングリコール(26E.O.)(31P.O.)	不明	不明	PEG/PPG-26/31コポリマー
ポリオキシエチレンポリオキシプロピレングリコール(30E.O.)(33P.O.)	不明	不明	PEG/PPG-30/33コポリマー
ポリオキシエチレンポリオキシプロピレングリコール(30E.O.)(35P.O.)	不明	不明	PEG/PPG-30/35コポリマー
ポリオキシエチレンポリオキシプロピレングリコール(35E.O.)(40P.O.)	不明	不明	PEG/PPG-35/40コポリマー

医薬部外品表示名称	染毛剤	パーマネント ウェーブ剤	化粧品表示名称(参考)
ポリオキシエチレンポリオキシプロピレングリコール(38E.O.)(30P.O.)	不明	不明	ポロキサマー185
ポリオキシエチレンポリオキシプロピレングリコール(3E.O.)(17P.O.)	不明	不明	PEG/PPG-3/17コポリマー
ポリオキシエチレンポリオキシプロピレングリコール(40E.O.)(54P.O.)	不明	不明	ポロキサマー333
ポリオキシエチレンポリオキシプロピレングリコール(50E.O.)(40P.O.)	不明	不明	PEG/PPG-50/40コポリマー
ポリオキシエチレンポリオキシプロピレングリコール(5E.O.)(30P.O.)	不明	不明	PEG/PPG-5/30コポリマー
ポリオキシエチレンポリオキシプロピレングリコール(5E.O.)(35P.O.)	不明	不明	PEG/PPG-5/35コポリマー
ポリオキシエチレンポリオキシプロピレングリコール(6E.O.)(2P.O.)	不明	不明	PEG/PPG-6/2コポリマー
ポリオキシエチレンポリオキシプロピレングリコール(6E.O.)(30P.O.)	不明	不明	ポロキサマー181
ポリオキシエチレンポリオキシプロピレングリセリルエーテル(24E.O.)(24P.O.)	不明	不明	PPG-24グリセレス-24
ポリオキシエチレンポリオキシプロピレンステアリルエーテル	不明	不明	PPG-9ステアレス-3
ポリオキシエチレンポリオキシプロピレンステアリルエーテル(34E.O.)(23P.O.)	不明	不明	PPG-23ステアレス-34
ポリオキシエチレンポリオキシプロピレンセチルエーテル	不明	不明	PPG-1セテス-1
ポリオキシエチレンポリオキシプロピレンセチルエーテル(10E.O.)(8P.O.)	不明	不明	PPG-8セテス-10
ポリオキシエチレンポリオキシプロピレンセチルエーテル(1E.O.)(4P.O.)	不明	不明	PPG-4セテス-1
ポリオキシエチレンポリオキシプロピレンセチルエーテル(1E.O.)(8P.O.)	不明	不明	PPG-8セテス-1
ポリオキシエチレンポリオキシプロピレンセチルエーテル(20E.O.)(1P.O.)	不明	不明	PPG-1セテス-20
ポリオキシエチレンポリオキシプロピレンセチルエーテル(5E.O.)(1P.O.)	不明	#N/A	PPG-1セテス-5
ポリオキシエチレンポリオキシプロピレントリメチロールプロパン	不明	不明	PPG-25-PEG-25トリメチロールプロパン
ポリオキシエチレンポリオキシプロピレンブチルエーテル	不明	不明	PPG-2ブテス-2
ポリオキシエチレンポリオキシプロピレンブチルエーテル(17E.O.)(17P.O.)	不明	不明	PPG-17ブテス-17
ポリオキシエチレンポリオキシプロピレンブチルエーテル(20E.O.)(15P.O.)	不明	不明	PPG-15ブテス-20
ポリオキシエチレンポリオキシプロピレンブチルエーテル(2E.O.)(2P.O.)	不明	不明	PPG-2ブテス-2
ポリオキシエチレンポリオキシプロピレンブチルエーテル(30E.O.)(30P.O.)	不明	不明	PPG-30ブテス-30
ポリオキシエチレンポリオキシプロピレンブチルエーテル(35E.O.)(28P.O.)	不明	不明	PPG-28ブテス-35

医薬部外品表示名称	染毛剤	パーマネント ウェーブ剤	化粧品表示名称(参考)
ポリオキシエチレンポリオキシプロピレンブチルエーテル(36E.O.)(36P.O.)	不明	不明	PPG-36ブテス-36
ポリオキシエチレンポリオキシプロピレンブチルエーテル(37E.O.)(38P.O.)	不明	不明	PPG-38ブテス-37
ポリオキシエチレンポリオキシプロピレンブチルエーテル(45E.O.)(33P.O.)	不明	不明	PPG-33ブテス-45
ポリオキシエチレンポリオキシプロピレンブチルエーテル(9E.O.)(10P.O.)	不明	不明	PPG-10ブテス-9
ポリオキシエチレンポリオキシプロピレンペンタエリトリトールエーテル(5E.O.)(65P.O.)	不明	不明	PEG-5-PPG-65ペンタエリスリチル
ポリオキシエチレンポリオキシプロピレンラウリルエーテル	#N/A	不明	PPG-2ラウレス-8
ポリオキシエチレンヤシ油アルキルジメチルアミンオキシド液	不明	不明	PEG-3ラウラミンオキシド
ポリオキシエチレンヤシ油脂肪酸ジエタノールアミド	不明	不明	ポリオキシエチレンヤシ脂肪酸ジエタノールアミド
ポリオキシエチレンラウリルエーテル酢酸ナトリウム	#N/A	不明	ラウレス-3カルボン酸Na
ポリオキシエチレンラウリルエーテル酢酸ナトリウム(16E.O.)液	#N/A	不明	ラウレス-16カルボン酸Na
ポリオキシエチレンラウリルエーテル酢酸ナトリウム液(10E.O.)	不明	#N/A	
ポリオキシエチレンラウリン酸アミド(2E.O.)	不明	#N/A	
ポリオキシエチレン液状ラノリン(75E.O.)	不明	不明	PEG-75液状ラノリン
ポリオキシエチレン牛脂アルキルジエタノールアミン(2E.O.)	不明	不明	PEG-2牛脂アルキルDEA
ポリオキシエチレン牛脂脂肪酸グリセリル液	不明	不明	PEG-82牛脂脂肪酸グリセリル
ポリオキシエチレン硬化ヒマシ油コハク酸(50E.O.)	不明	不明	コハク酸PEG-50水添ヒマシ油
ポリオキシエチレン大豆油脂肪酸アミン(5E.O.)	不明	#N/A	
ポリオキシプロピレングリセリルエーテルリン酸	不明	不明	ポリオキシプロピレングリセリルエーテルリン酸
ポリオキシプロピレンソルビット	不明	不明	ポリオキシプロピレンソルビット
ポリオキシプロピレンソルビトール・ヒマシ油(8P.O.)	不明	不明	PPG-8ソルビットヒマシ油
ポリオキシプロピレンブチルエーテル(1)	不明	不明	PPG-●●ブチル
ポリオキシプロピレンブチルエーテル(2)	不明	不明	PPG-●●ブチル
ポリオキシプロピレンブチルエーテル(3)	不明	不明	
ポリオキシプロピレンブチルエーテルリン酸	不明	不明	PPG-25ブチルリン酸

医薬部外品表示名称	染毛剤	パーマネント ウェーブ剤	化粧品表示名称(参考)
ポリオキシプロピレンラノリンアルコールエーテル	不明	不明	PPG-2ラノリル
ポリスチレン樹脂エマルション	#N/A	不明	
ポリビニルブチラール	不明	不明	ポリビニルブチラール
ポリブテン	不明	不明	ポリブテン
ポリプロピレングリコール	不明	不明	PPG-7
ポリメタクリル酸メチル・ポリエステル積層末(2)	不明	不明	(ポリメタクリル酸メチル/ポリエステル)ラミネート
マクロゴール1500	不明	不明	
マクロゴール400	不明	不明	
マクロゴール6000	不明	不明	
ミンクワックス	#N/A	不明	ミンクロウ
メタケイ酸アルミン酸マグネシウム	不明	不明	メタケイ酸アルミン酸Mg
メチルヘスペリジン	不明	不明	メチルヘスペリジン
メチルロザニリン塩化物	不明	#N/A	
モクロウ	不明	不明	モクロウ
モノオレイン酸ポリプロピレングリコール(36P.O.)	不明	不明	オレイン酸PPG-36
モノサフラワー油脂肪酸グリセリル	不明	不明	サフラワー脂肪酸グリセリル
モノヒドロキシステアリン酸硬化ヒマシ油	不明	不明	ヒドロキシステアリン酸水添ヒマシ油
モノラウリン酸ポリオキシエチレンソルビット	不明	不明	ラウリン酸PEGソルビット
モモ核粒	不明	#N/A	モモ核
モルホリン	#N/A	不明	モルホリン
ヤシ油脂肪酸アミド	不明	#N/A	コカミド
ラウリン酸ポリオキシエチレン硬化ヒマシ油	不明	不明	ラウリン酸ポリオキシエチレン水添ヒマシ油
ラウリン酸ミリスチン酸ジエタノールアミド	不明	不明	(ラウラミド/ミリスタミド)DEA
ラウリン酸ミリスチン酸トリエタノールアミン	不明	不明	(ラウリン酸/ミリスチン酸)TEA

医薬部外品表示名称	染毛剤	パーマネントウェーブ剤	化粧品表示名称（参考）
ラッカイン酸	不明	不明	ラッカイン酸
リシノール酸オクチルドデシル	不明	不明	リシノレイン酸オクチルドデシル
リシノレイン酸グリセリル	不明	不明	リシノレイン酸グリセリル
リシノレイン酸プロピレングリコール	不明	不明	リシノレイン酸PG
リシノレイン酸ポリオキシプロピレンソルビット	不明	不明	リシノレイン酸ポリオキシプロピレンソルビット
リノール酸	不明	不明	リノール酸
リノール酸イソプロピル	不明	不明	リノール酸イソプロピル
リノール酸エチル	不明	不明	リノール酸エチル
リノール酸ジエタノールアミド	不明	不明	リノレアミドDEA
リボフラビン	不明	不明	リボフラビン
リボフラビンリン酸エステルナトリウム	不明	不明	
リボフラビン酪酸エステル	不明	不明	リボフラビン酪酸
リボ核酸(1)	不明	不明	RNA
リボ核酸ナトリウム	不明	不明	RNA-Na
リン酸L-アスコルビルマグネシウム	不明	不明	リン酸アスコルビルMg
リン酸アデノシン	不明	不明	アデノシンリン酸
リン酸トリオレイル	不明	不明	リン酸トリオレイル
リン酸ピリドキサール	#N/A	不明	リン酸ピリドキサール
リン酸水素カルシウム	不明	不明	リン酸2Ca
レブリン酸	不明	不明	レブリン酸
ロジン	不明	不明	ロジン
ロジン酸ペンタエリトリット	不明	不明	ロジン酸ペンタエリスリチル
亜ジチオン酸ナトリウム	不明	#N/A	
安息香酸デナトニウム	不明	不明	

医薬部外品表示名称	染毛剤	パーマネントウェーブ剤	化粧品表示名称（参考）
安息香酸デナトニウム変性アルコール	不明	不明	
塩化アルミニウム	不明	不明	塩化Al
塩化カリウム	不明	不明	塩化K
塩化カルシウム	不明	不明	塩化Ca
塩化カルシウム水和物	不明	不明	
塩化ステアリルジヒドロキシエチルベタインナトリウム液	不明	#N/A	
塩化ステアロイルコラミノホルミルメチルピリジニウム	不明	不明	ステアピリウムクロリド
塩化セチルピリジニウム	不明	不明	セチルピリジニウムクロリド
塩化ベンゼトニウム	不明	不明	ベンゼトニウムクロリド
塩化ベンゼトニウム液	不明	不明	ベンゼトニウムクロリド
塩化ポリオキシプロピレンメチルジエチルアンモニウム	不明	不明	PPG-9ジエチルモニウムクロリド
塩化マグネシウム	不明	不明	塩化Mg
塩化ミリスチルジメチルベンジルアンモニウム	不明	不明	ミリスタルコニウムクロリド
塩化ラウリルピリジニウム	不明	不明	ラウリルピリジニウムクロリド
塩化ラウリルピリジニウム液	不明	不明	ラウリルピリジニウムクロリド
塩化リゾチーム	不明	不明	塩化リゾチーム
塩化亜鉛	不明	不明	塩化亜鉛
塩化第二鉄	不明	不明	塩化鉄
塩酸クロルヘキシジン	不明	不明	クロルヘキシジン2HCl
塩酸ジオクチルアミノエチルグリシン液	#N/A	不明	
塩酸ジフェンヒドラミン	不明	不明	ジフェンヒドラミンHCl
塩酸ピリドキシン	不明	不明	ピリドキシンHCl
加水分解コラーゲン・樹脂酸縮合物	不明	不明	ロジン加水分解コラーゲン
加水分解コラーゲン・樹脂酸縮合物・アミノメチルプロパンジオール液	不明	不明	ロジン加水分解コラーゲンAMPD

医薬部外品表示名称	染毛剤	パーマネント ウェーブ剤	化粧品表示名称（参考）
加水分解コラーゲンヘキサデシル液	不明	不明	加水分解コラーゲンヘキサデシル
過ホウ酸ナトリウム	不明	#N/A	
乾燥カルボキシメチルセルロースナトリウム	不明	#N/A	
乾燥クロレラ	不明	不明	クロレラ
乾燥酵母	不明	不明	酵母
乾燥水酸化アルミニウムゲル	不明	不明	水酸化Al
乾燥硫酸アルミニウムカリウム	不明	不明	アルムK
含水無晶形酸化ケイ素	不明	不明	シリカ
牛脂	不明	不明	牛脂
牛脂脂肪酸モノエタノールアミド	不明	不明	タロウアミドMEA
魚鱗箔(1)	不明	不明	魚鱗箔
魚鱗箔(2)	不明	不明	魚鱗箔
金箔	不明	#N/A	金
軽質炭酸カルシウム	不明	不明	炭酸Ca
軽石粉末	不明	#N/A	軽石
鶏卵末	不明	不明	乾燥鶏卵
鯨ロウ	不明	不明	鯨ロウ
硬化ヒマシ油	#N/A	不明	水添ヒマシ油
硬化ヤシ油脂肪酸グリセリル硫酸ナトリウム	不明	不明	ココグリセリル硫酸Na
合成ケイ酸アルミニウム	不明	不明	ケイ酸Al
合成ケイ酸ナトリウム・マグネシウム	不明	不明	ケイ酸(Na/Mg)
混合ワックス(1)	不明	不明	カルナウバロウ、キャンデリラロウ、水添ダイズ脂肪酸グリセリル、ステアリン酸、パラフィン、ミツロウ
混合脂肪酸ジエタノールアミド	不明	不明	（コーン/ヤシ）脂肪酸アミドDEA
混合脂肪酸トリグリセリル	不明	不明	（牛脂/ミンク/タラ肝油）脂肪酸トリグリセリル

医薬部外品表示名称	染毛剤	パーマネント ウェーブ剤	化粧品表示名称（参考）
酸化アルミニウム	不明	不明	アルミナ
酸化アルミニウム・コバルト	不明	不明	酸化（Al/コバルト）
酸化クロム	不明	不明	酸化クロム
酸化亜鉛	不明	不明	酸化亜鉛
酸化鉄・酸化チタン焼結物	不明	不明	（酸化鉄/酸化チタン）焼結物
次亜硫酸ナトリウム	不明	#N/A	
臭化アルキルイソキノリニウム液	不明	不明	ラウリルイソキノリニウムブロミド
臭素酸ナトリウム	不明	#N/A	臭素酸Na
重質炭酸カルシウム	不明	不明	炭酸Ca
小麦粉	不明	不明	小麦粉
焼セッコウ	不明	#N/A	硫酸Ca
酢酸（セチル・ラノリル）エステル	不明	不明	酢酸（セチル/ラノリル）
酢酸ビニル・クロトン酸共重合体	不明	不明	（VA/クロトン酸）コポリマー
酢酸ビニル・スチレン共重合体エマルション	不明	不明	（VA/スチレン）コポリマー
酢酸レチノール	不明	不明	酢酸レチノール
水酸化アルミニウム	不明	不明	水酸化Al
水酸化カルシウム	不明	不明	水酸化Ca
水酸化クロム	不明	不明	水酸化クロム
水素添加ジテルペン	不明	不明	水添ジテルペン
水素添加トリテルペン混合物	不明	不明	水添トリテルペン混合物
側鎖高級アルコール（C32～C36）混合物	不明	不明	セチルアラキドール
脱脂コメヌカ	不明	不明	脱脂コメヌカ
炭酸グアニジン	#N/A	不明	炭酸グアニジン
炭酸マグネシウム	不明	#N/A	

医薬部外品表示名称	染毛剤	パーマネント ウェーブ剤	化粧品表示名称(参考)
沈降炭酸カルシウム	不明	#N/A	炭酸Ca
天然ケイ酸アルミニウム	不明	不明	ケイ酸Al
天然ゴムラテックス	不明	不明	ゴムラテックス
部分水素添加スクワレン	不明	不明	部分水添スクワレン
無水ケイ酸	不明	不明	シリカ
無水ケイ酸アルミニウム	不明	不明	ケイ酸Al
無水マレイン酸・ジイソブチレン共重合体ナトリウム液	不明	不明	(マレイン酸/ジイソブチレン)コポリマーNa
無水硫酸ナトリウム	不明	不明	硫酸Na
綿実油脂肪酸グリセリル	不明	不明	綿実脂肪酸グリセリル
葉酸	不明	不明	葉酸
卵黄脂肪油	不明	不明	卵黄脂肪油
卵白(非熱凝固)	不明	不明	卵白
硫酸アルミニウムカリウム	不明	不明	アルムK
硫酸アンモニウム	不明	#N/A	硫酸アンモニウム
硫酸オキシキノリン	不明	#N/A	
硫酸オキシキノリン(2)	#N/A	不明	
硫酸ナトリウム	不明	不明	硫酸Na
硫酸バリウム	不明	不明	硫酸Ba
硫酸マグネシウム	不明	不明	硫酸Mg
硫酸マグネシウム水和物	#N/A	不明	
硫酸亜鉛	不明	不明	硫酸亜鉛
硫酸化ヒマシ油	不明	不明	硫酸化ヒマシ油

参考文献 （順不同）

『医薬部外品添加物リスト 改訂版』
（薬事日報社）

『日本化粧品成分表示名称辞典』
（日本化粧品工業連合会編、薬事日報社）

『化粧品成分事典』
（小沢王春監修、コモンズ）

『化粧品成分検定公式テキスト』
（一般社団法人化粧品成分検定協会編、実業之日本社）

『化粧品成分ガイド 第6版』
（宇山侊男／岡部美代治／久光一誠編著、フレグランスジャーナル社）

『ペンギン化学事典』
（山崎 昶監訳、朝倉書店）

『標準化学用語辞典 第2版』
（日本化学会編、丸善）

『マグローヒル化学用語辞典』
（ⓒマグローヒル／化学用語辞典編集委員会、日刊工業新聞社）

参考ウェブサイト （順不同）

日本パーマネントウェーブ液工業組合
https://www.perm.or.jp/

日本ヘアカラー工業会
https://www.jhcia.org/

日本化粧品工業連合会
https://www.jcia.org/

美容師が知っておきたい
薬剤成分まるわかりBOOK　増補版

平成30年6月25日　初版第1刷発行
令和 5 年3月25日　増補版第1刷発行

定価　　　定価3,520円（本体3,200円＋税10%）
発行人　　花上哲太郎
発行所　　株式会社女性モード社
　　　　　〒107-0062　東京都港区南青山5-15-9-201
　　　　　TEL.03-5962-7087　FAX.03-5962-7088
　　　　　〒541-0043　大阪市中央区高麗橋1-5-14-603
　　　　　TEL.06-6222-5129　FAX.06-6222-5357

協力　　　彩資生株式会社
デザイン　武田康裕 [DESIGN CAMP]
イラスト　井手口智人
印刷・製本　三共グラフィック株式会社